现代艺术设计基础教程

景观设计

苏州大学出版社

图书在版编目(CIP)数据

景观设计／周玉明编著. —苏州 ：苏州大学出版社，2010.12
现代艺术设计基础教程
ISBN 978-7-81137-632-6

Ⅰ.①景… Ⅱ.①周… Ⅲ.①景观－园林设计－高等学校－教材 Ⅳ.①TU986.2

中国版本图书馆 CIP 数据核字(2010)第 260757 号

景观设计
周玉明 编著
责任编辑 方 圆

苏州大学出版社出版发行
(地址：苏州市十梓街 1 号 邮编：215006)
苏州市越洋印刷有限公司印装
(地址：苏州市吴中区天鹅荡路 2 号 邮编：215104)

开本 889 mm×1 194mm 1/16 印张 9.25 字数 254 千
2010 年 12 月第 1 版 2010 年 12 月第 1 次印刷
ISBN 978-7-81137-632-6 定价：45.00 元

苏州大学版图书若有印装错误，本社负责调换
苏州大学出版社营销部 电话：0512-65225020
苏州大学出版社网址 http://www.sudapress.com

序

苏州大学出版社是一家很有实力的出版社，虽然成立的时间不是很长，但却好书不断，好评如潮。我想此间可能有两个原因，其一是得益于百年东吴的文化底蕴，其二是社里的领导和编辑能抓住机遇，频频推出有特色高品位的新书。

苏州大学出版社的许周鹣和薛华强二位编辑找到我，说社里准备出一套艺术设计专业的基础教材，请我组稿，我当时一听就答应下来了。因为近年来随着我国高教事业的蓬勃发展，艺术设计教育也呈一片欣欣向荣之势，且热度正在逐年上升，有专家调研后指出，这种发展态势还将持续较长一段时间。仅以江苏为例，报考艺术设计专业的考生每年都在大幅增加，列所有艺术类专业之首，招收艺术设计专业的院校也从 20 多年前的几家增加到了目前的近百家。当然，造成这种局面的因素是多方面的，但其中一个主要的原因还是社会的发展需要大量的艺术设计人才。据我所知，在美国，就总体而言，一个染织美术设计师要比一个画家更容易找到稳定的经济来源。国内也一样，因为艺术设计与人们的生活息息相关，紧密相联，我们生活的方方面面都离不开艺术设计，因此有人说"21 世纪是设计的时代，是设计让我们的生活更加美好"。

"设计"一词在现代汉语中被解释为"在正式做某项工作之前，根据一定的目的要求，预先制定方法、图样等"。设计所涉及的内容很广泛，但"设计"之前再加上"艺术"二字，其范围和内涵就很清楚了。艺术设计是科学、技术和艺术的有机结合，它具有物质和精神的双重属性。换句话说，也就是当人们在使用人工造物的同时，还应当享受视觉审美带来的愉悦。

时代的进步和社会的需求，不但为艺术设计提供了广阔的空间，而且对艺术设计人才的培养提出了更高的要求，我以为在先进的教学理念和合理的培养模式确定以后，教师与教材对于人才培养显得至关重要，教材建设是教材改革的重要环节，好的教材是人才培养的基本保证，编好教材也是我们教师的责任。参加本套教材编写的教师大多已在艺术设计教育领域里耕耘多年，有着丰富的教学和实践经验。这套教材被定名为"现代艺术设计基础教程"，是因为在编写的过程中我们突出了时代感和创新点，除了注重教材的理论性、科学性、实践性外，还能兼顾每本书之间有机的联系与合理的衔接，并试图做到图文并茂，深入浅出。

相信这套教材是会受到读者欢迎的。

是为序。

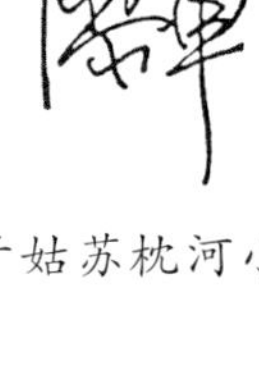

于姑苏枕河小筑

前　言

当下，景观设计日益受到大家的重视。为适应社会发展的需要，目前在我国许多大专院校的艺术设计（环境艺术）、景观学、园林、建筑学、城市规划等专业都开设了景观设计或与之相关的课程，本书就是为了适应这一教学需要而编写的。

本书内容主要包括景观设计概述、发展情况、景观构成的环境要素分析、景观设计的理论基础、景观设计的程序及景观设计的主要类型等内容，此外，书中还附有大量的设计实例。本书立足于实际教学，力求吸收已有教材优点，在全面介绍景观设计专业知识的基础上，着眼于提高读者的实际设计水平和创造能力；强调内容的可读性，以深入浅出、简明易懂、直观生动的方式说明景观设计的一些抽象、复杂的问题；集理论教学和实践训练于一体，重视对学生实际操作能力的训练和培养。

在编写过程中，苏州大学艺术学院环境艺术系研究生李娟、陈沙沙、霍光瑛、张熙茹等参与了部分文字及图片整理工作；编著者在编写中参考了相关著作、论文及设计作品集等，在此谨向有关专家、学者、设计单位致谢，本书采用的图片中有个别作者未能取得联系，对此表示诚挚的歉意并希望能和我们联系。

由于编著者水平有限，书中难免有错漏或不当之处，希望广大读者和同行不吝指正。

编著者

2010年8月

现代艺术设计
基础教程

目　录

第一章

概　　述

第一节 ⊙
景观、景观设计和景观设计师的含义

一、景观(Landscape)的含义

景观包括下列含义：

(1) 景观是可引起良好视觉感受的某种景象，指具有审美特征的自然和人工的地表景色，意同风光、景色、风景。与景观对应的英语为“Landscape”，荷兰语为“Landskip”。15世纪荷兰首先出现该词语，指绘画作品中所描绘的自然景色。随着风景由描绘背景逐渐转变为主要表现题材，“Landscape”被定义为风景画。17、18世纪欧洲风景画兴起，标志着人类对风景审美意识的自觉和成熟，体现了

图 1-1-1　英国风景画大师约翰·康斯太勃尔(John·Constable)的作品《干草车》

图 1-1-2　农业景观

图 1-1-3　柬埔寨吴哥窟

人们对自然风景的向往。所以，具有审美感的风景是景观的原始含义，也是常用含义。(图 1-1-1，图 1-1-2，图 1-1-3，图 1-1-4)

（2）自然地理学中指一定区域内由地形、地貌、土壤、水体、植物和动物等所构成的综合体。

（3）景观生态学将景观看做由相互作用的拼块或生态系统组成，以相似的形式重复出现的一个空间异质性区域，是具有分类含义的自然综合体。

二、景观设计(Landscape Architecture)的含义

景观设计是基于科学和艺术的观点与方法，探究人与自然的关系，以协调人地关系和可持续发展为根本目标而进行空间规划、

图 1-1-4　自然风光

设计的行为。

景观设计一词，最早见于英国孟松氏(Laing Meason)1828 年所著《意大利景观设计论》(the Landscape Architecture of the painters of Italy)一书，后来美国景观设计师奥姆斯特德(Olmsted)(图 1-1-5，图 1-1-6，图 1-1-7)及其追随者霍勒斯·克利夫兰 (Horace·Clevcland)等人于 1901 年在哈佛大学开设了景观设计学课程。

现代景观设计是在继承东西方古代造园学理论的基础上，为了改善现代人类社会进程中所面临的环境问题而逐渐形成的一门新

图 1-1-5　奥姆斯特德(Olmsted)

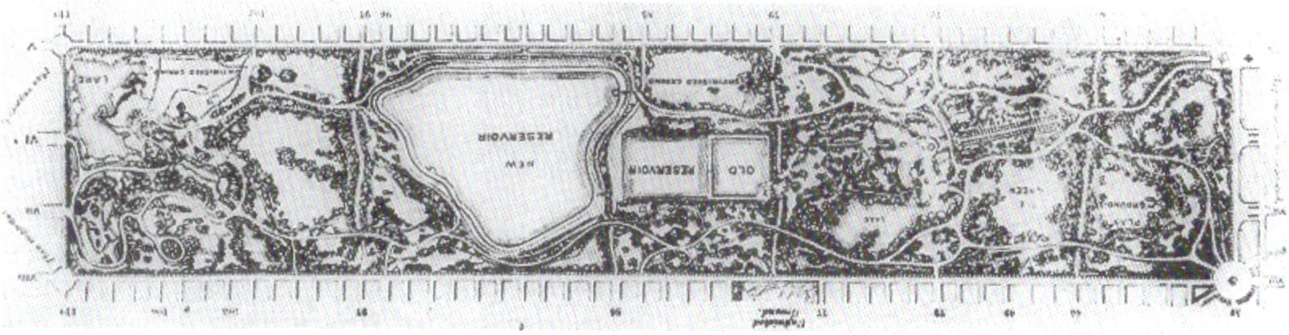

图 1-1-6　奥姆斯特德作品之一——美国纽约中央公园平面图

的学科。景观设计(Landscape Architecture)比历史上的造园学(Garden Making)在概念上有了较大的发展。景观设计不再停留于早期表现个人创意的最初层面上，而是一种计划未来的专业，它将土地及景观视为一种资源，并依据自然、生态、社会与行为等高深层面的关系原理，来从事规划与设计，使人与自然彼此之间建立一种和谐、均衡的整体关系，即中国自古所崇尚的"天人合一"的关系。

三、景观设计师(Landscape Architect)的含义

景观设计师(Landscape architect)是以景观设计为职业的专业人员，景观设计师的称谓由美国景观设计之父奥姆斯特德于 1858 年非正式使用，1863 年被正式作为职业称谓。奥姆斯特德坚持用景观设计师而不用在当时盛行的风景花园师（或风景园林师，

图 1-1-7　奥姆斯特德作品之一——美国纽约中央公园效果示意

Landscape gardener)，不仅仅是职业称谓上的创新，而且还是对该职业内涵和外延的一次意义深远的扩充和革新。

景观设计师有别于传统造园师和园丁(Gardener，对应于 Gardenning)、风景花园师(或称风景园林师，Landscape gardener，对应于 Landscape gardenning)的根本之处在于：景观设计职业是大工业、城市化和社会化背景下的产物，是在现代科学与技术（而不仅仅是经验）基础上发展起来的；景观设计师所要处理的对象是土地综合体的复杂问题，决不是某个层面的问题（如视觉审美意义上的风景问题）；景观设计师所面临的问题是土地、人类、城市和土地上一切生命的安全与健康以及可持续发展的问题。他是以土地的名义，以人类和其他生命的名义，以及以人类历史与文化遗产的名义，来监护、合理地利用、设计脚下的土地及土地上的空间和物体。

第二节 ◉ 景观设计学科定位及现代景观设计研究的主要内容

一、景观设计学科定位

景观设计是一门内容错综复杂的边缘性学科。景观设计可与多门学科形成交叉关系，它们彼此间相互制约和相互影响，如城市规划、建筑学、园林学、生态学、美学、文学、艺术等。景观设计所涵盖的学科范围非常广，它不仅是一门社会科学，也是一门艺术；它是工学的，也是人文学的和美学的；它是理性的，也是感性的。由于综合性很强，任何一门单一的学科都取代不了景观设计。针对一个特定的景观设计项目来说，可以有所侧重地突出它在某一学科中的特点，但就整体的景观设计而言，如果只是片面地去追求它在某一学科中的刻意表现则是不可取的，任何一种单一性的景观设计取向都是难以为继的。因此，景观设计师应本着科学严谨的治学态度，通过现代科技手段和科学的认识方法，努力掌握与之相关的各学科的理论知识。

景观设计是一门发展非常迅速的新兴学科。近阶段，景观设计从理论到实践在我国都有了一定的发展，学科教育也处在较快起步阶段，但与已有较长发展历史的西方国家相比，我国对现代景观设计的研究起步较晚，景观设计实践在规范性和社会影响力等方面仍有待提高；同时，与我国社会经济发展的客观实际相比，景观设计专业教育还跟不上时代发展的步伐。

二、现代景观设计研究的主要内容

现代景观设计主要包括视觉景观形象、环境生态、大众行为心理三方面内容，常称之为现代景观设计三元素。

视觉景观形象主要是从人类视觉形象感受要求出发，根据美学规律，利用空间和实体景物，研究如何创造赏心悦目的环境形象。这需要研究景观美学的理论。

环境生态是随着现代环境意识的发展而注入景观设计的现代内容。它主要是从人类的生理感受要求出发，根据自然界生物学原理，利用阳光、气候、动植物、土壤、水体等自然和人工材料，研究如何创造令人舒适的良好的物理环境。这需要研究景观生态学原理。

大众行为心理是随着人口增长、现代多种文化交流以及社会科学的发展而注入景观设计的现代内容。它主要是从人类的心理和精神感受需求出发，根据人类在环境中的行为心理乃至精神活动的规律，利用心理、文化的引导，研究如何创造使人赏心悦目、浮想联翩、积极向上的精神环境。这需要研究景观社会行为学。

视觉景观形象、环境生态、大众行为心理三元素对于人们景观环境感受所起的作用是相辅相成、密不可分的。景观环境为人们带来的美好感受，必定包含着三元素的共同作用。

第二章

景观设计的发展

第一节 ◉ 世界景观设计发展概述

在原始时期，人类几乎完全处于被动地接受和依赖大自然恩赐的地位，主动利用和改造自然的能力极其有限，无针对景观的能动行为可言。景观设计的发展是从农业时代开始的，纵观其发展历程，可以将之概括为农业时代、工业时代和后工业时代三个发展阶段，见下表：

一、农业时代（景观设计的开始和发展期）

农业时代大致相当于奴隶社会和封建社会时期，这是一段漫长的历史发展时期，此时的人类进入了以农耕经济为主的历史发展阶段，景观设计（即传统意义上的造园或园林艺术）活动在此时真正地拉开了历史发展的序幕。人类从被动地接受和依赖大自然的恩赐，到主动利用和自觉开发自然资源，并渐渐走向成熟，其中经历了漫长的历史发展

序号	社会时段（及其特点）	服务对象	主要创作对象	指导理论和评价标准	园林专业人员及代表人物	代表作
一	农业时代（小农经济）	以帝王为主的少数贵族阶层	宫苑、庭院、花园	唯美论，包括西方的形式美和中国的诗情画意，同时强调工艺美和园艺美	艺匠、技师，如中国的计成、法国的雷诺、英国的布朗等	中国的皇家园林和江南的文人山水园林、法国雷诺式宫苑（图 2-1-1，图 2-1-2）、英国的布朗式风景园等
二	工业时代（社会化大生产）	广大城市居民	公园绿地系统	以人为中心的再生论。绿地作为城市居民的休闲和运动空间，作为城市的肺，强调覆盖率、人均绿地等指标	美国的专业景观规划设计师奥姆斯特德	美国纽约中央公园、波士顿的“蓝宝石项链”（图 2-1-3）等
三	后工业时代（信息与生物技术革命，国际化）	人类和其他物种	人类的家，即整体人类的生态系统	可持续论。强调人类发展和资源及环境的可持续性，强调能源与资源利用的循环和再生性、高效性，生物和文化的多样性	作为协调人类文化圈与生物圈综合关系的指挥家，如麦克哈格（图 2-1-4，图 2-1-5）等	如美国东海岸的一些生态规划，欧洲的景观生态规划等

图 2-1-1　凡尔赛宫平面示意图

图 2-1-2　凡尔赛宫鸟瞰图

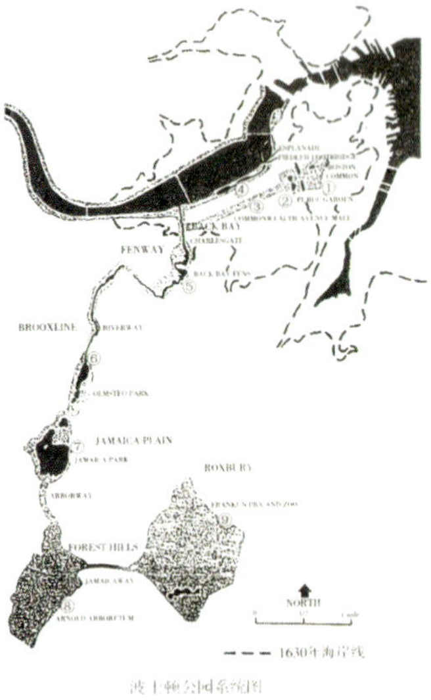

图 2-1-3　波士顿的“蓝宝石项链”

图 2-1-4　麦克哈格

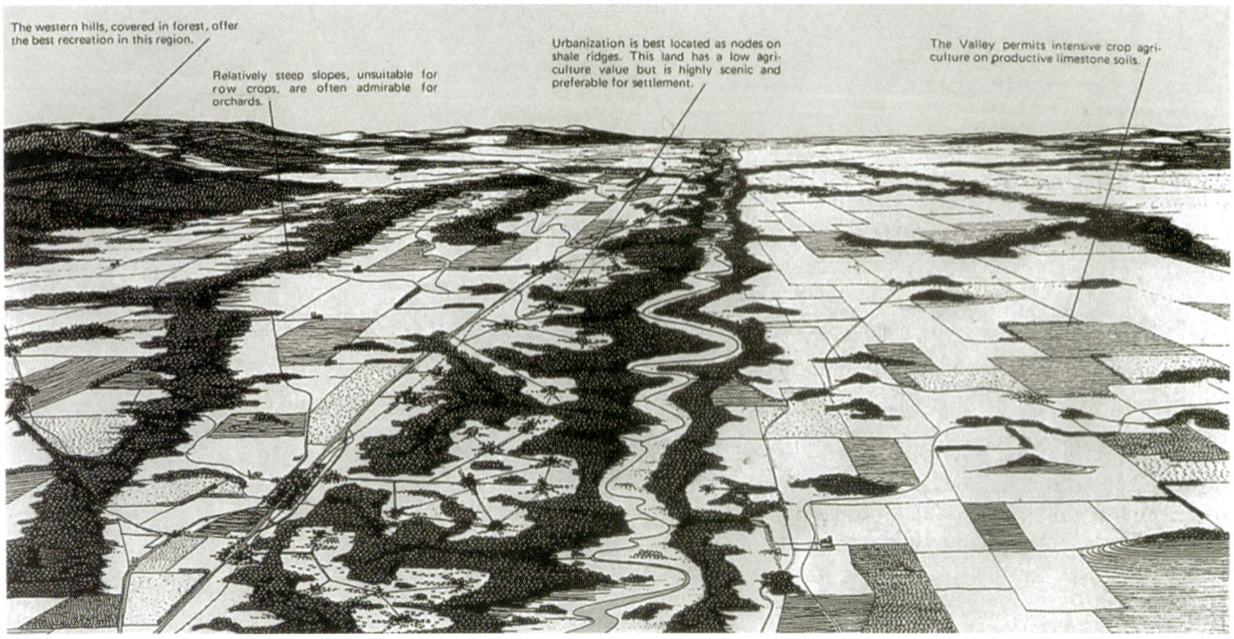

图 2-1-5　麦克哈格著《设计结合自然》一书中的插图，反映景观区域规划思想

时期。农业时代生产力得到了进一步的发展，人们在逐步了解和认识大自然的同时，大力开发土地资源，包括逐步开发出大量的耕作农田，兴修水利灌溉工程以及开发矿山资源等。人们日出而作，日落而息，充分享受着通过自己艰苦劳作而创造的田园美景。如我国文字中的“囿”和“圃”两字，就极其形象地反映出了中国园林的最早发展过程。

生产力的发展最终必然导致生产关系的改变，而生产关系的改变也必然导致阶级的产生和国家及政权的出现。由此，大小国家和城池在长期的征战中慢慢地建立了起来。帝王及少数贵族阶层为了自己的利益，为了加强其统治地位，不断地扩张地盘，并进一步扩充自己的势力。少数贵族阶层为了显示自己的经济实力，也为了满足其精神和物质上的需要，大力和广泛地开展造园、造景活动，客观上推动了世界园林艺术的向前发展。

从园林艺术的萌芽，直至逐步走向成熟和兴旺发达，同样经历了一个漫长的历史发展过程。从整个世界来看，无论中西，其时代发展的特征有着惊人的相似性。随着国家间以及贵族间的不断交往，园林艺术在借鉴中彼此受到影响，并在发展中逐步形成丰富多彩的地方特色、民族风格和时代特征。

农业时代的社会特点是小农经济下养活着一个贵族阶层，他们从原本充满恐怖的自然景观中欣赏到了自然的美和农耕景观的美，并因此激发出其再现和创造这种美的欲望，这便是山水和田园艺术。它包括山水画和田园诗，并综合体现在园林艺术中。景观(Landscape)在此时与风景(Scenery)同义，即中国之“山水”，是视觉审美意义上的概念，其享用者是少数贵族，创作地是围墙中的园和院。当然，根据财力厚薄，园林有大有小。园林创造者最终是主人而不是专业园林师，因而有“七分主人，三分匠”之说。园林师仅仅是艺匠而已，并无独立的人格，即使是雷诺或计成，也只是听唤于皇帝贵族的高级匠人而已。由于全球景观的空间分异和农业活动对自然的适应结果，出现了以再现景观美为宗旨的园林风格的空间分异和不同的审美标准，包括西方园林的形式美和中国园林的诗情画意。但无论差异如何，都是以唯美为特征的，几乎在同一时代出现的圆明园和凡尔赛宫便是很好的佐证。

贵族阶层尽管摆脱了农耕活动，但并没有摆脱小农意识，如领地意识——在园林中反映为围墙和隔篱；庄稼意识——凡非庄稼必是杂草，凡非益虫必为祸害，必将其除去而后快；好农人(牧人)意识——精耕细作，追求园艺之完美，在园林中表现为整修的绿篱、模纹花坛等；炫耀意识——讲究排场、气派和攀比；等等。

处于农业时代的园林艺术是以私有化为基础的，这正是与现代景观设计中所具有的公共性特征的最大区别所在，私有化园林的占有者必然不会考虑社会和整体环境发展等问题，必然会对自然环境造成一定程度的破坏，但由于在这一时期的生产技术条件相对低下，故在漫长的岁月里，并未造成严重的不良后果。

二、工业时代(景观设计的确立期)

这一阶段起始于18世纪中叶，以英国的工业革命为源头，并很快影响到其他国家，进一步促成许多国家工业文明的崛起，逐步由农业社会过渡到了工业社会。大工业生产使社会因此而发生了巨变，即工人阶级的出现。“城里人”不再是少数贵族和侍从们，对自然与农耕景观之美的感知也不再为少数贵族所独有。而更重要的是，集居在城市中的人们需要一个身心再生(Recreation)的空间。园林专业的创作对象是公园和休闲绿地，目的是为美而创造，为城市居民的身心再生而创造。

工业革命的兴起，为创造丰富的物质财富提供了条件，科学技术的飞跃发展和大规模的机器生产方式，也为人们贪婪地向大自然索取资源提供了更为有效的手段。然而，有因必有果，导致自然环境严重破坏的恶性循环状态也随之出现了。如水土流失、植被大幅度减少、空气污染、全球气候变暖、自然生态系统失衡以及城市人口膨胀、人居环境恶化等。这种情形至20世纪中叶以后，在西方一些相对发达的国家中最为显著。

中国哲学史上有一个重要的命题，便是“天人合一”的思想。在大千世界中，人不是唯一存在着的生命。在我们目前所能够了解到的所有生命中，人是其中最具智慧和能力的物种，是“万物之灵”。但是，这并非意味着人类可以为所欲为。在中国传统意识中，天、地、人并称。在整个宇宙这个大系统中，人作为其中一份子，应与天地共荣，唯“合一”乃大。那种想靠人力去完全控制自然甚至创造自然的观念是非常幼稚的。《中庸》有言：“能尽人之性，则能尽物之性。能尽物之性，则可以赞天地之化育。可以赞天地之化育，则可以与天地参矣。”

国外也有一些有识之士开始进行冷静的思考，针对保护及进一步改善自然环境的主张和策略相继出现。奥姆斯特德便是先驱者之一。奥姆斯特德于1865年在美国开创了职业景观设计事务所，在此之前，他与C.沃克斯合作完成了位于纽约市的中央公园的设计，作为公共场所，为市民游览、娱乐创造了条件，这是世界上最早的城市公园之一。奥姆斯特德强调以景观规划为中心，他坚持把自己所从事的事业称为“景观规划设计”，以区别于农业时代的“造园”，同时称自己为“景观规划设计师”。不仅如此，奥姆斯特德还热衷于景观教育事业，他于20世纪初在美国哈佛大学创办了景观规划设计专业，为真正服务于社会，为培养出具有划时代精神的现代职业景观设计师队伍，同时也为景观设计事业的良性发展打下了坚实的基础。奥姆斯特德给当时乃至后来的人们树立了榜样，他与持有共同观点和理想的设计师一起，通过行动，引导政府以及广大市民正确地认识和保护赖以生存的自然环境，使城市中的景观，包括公园、学校、道路、居住区等公共性场所，在系统的规划设计中得以健康地发展。

如果说，农业时代的园林艺术是由附庸于少数贵族阶层的工匠、文人和艺术家来设计完成的话，那么，工业时代的景观设计则应主要归功于具有独立人格的职业景观设计师。职业景观设计师的出现，乃是工业时代景观设计发展过程的重要标志，在一定程度上反映出真正为广大人民服务的、具有公共性特征的景观设计开始走上人类历史的舞台。

三、后工业时代（景观设计的繁荣期）

后工业时代是指第二次世界大战之后至今。第二次世界大战之后，西方的工业化和城市化发展达到了高潮，城市犹如大地肌体上的恶性肿瘤，扩展蔓延。城市绿地已不足以改善城市的环境，大地景观被切割得支离破碎，自然的生态过程受到严重威胁，生物的多样性在消失，人类自身的生存和延续也面临挑战。国际化使千百年来发展起来的文化多样性遭受灭顶之灾，淹没了人类对自然界适应途径的多样性，也威胁到人类生存的可持续性。这时的景观研究对象已扩展到大地综合体，是多个生态系统的镶嵌体，由人类文化圈与自然生物圈交互作用而形成。协调不同空间尺度上的文化圈与生物圈之间的相互关系成为景观设计师必须面对的紧迫问题。

麦克哈格（I.McHarg）首先扛起了生态规划的大旗，他的《设计结合自然》（Design With Nature，1969）标志着景观设计师已开始勇敢地承担起后工业时代人类整体生态环境规划设计的重任，使景观设计在奥姆斯特德奠定的基础上又大大扩展了活动空间。I.McHarg一反以往土地和城市规划中功能分区的做法，强调土地利用及规划应遵从自然的固有价值和自然过程，即土地的适宜性，并因此完善了以因子分层分析和地图叠加技术为核心的规划方法论，I.McHarg称之为“千层饼模式”（Layer-cake model，1981）。近半个世纪以来，遵从自然的设计模式在生态学和人类活动之间架起了一道桥梁。

但很快人们就发现了千层饼模式的弊端，最突出的有两点：第一，这一模式只强调某一景观单元内地质、土壤、水文、植被、动物与人类活动及土地利用之间的垂直过程，即发生在某一景观单元内的生态关系，而忽视了水平生态过程，即注重发生在景观单元之间的生态流程；第二，千层饼模式强调人类活动和土地利用规划的自然决定论，规划除了认识自然过程就是适应自然过程，而这在一般情况下都是不现实的，景观规划过程是个可辩护的过程，而不是自然决定论的过程，它必须考虑决策者的行为，更何况自然早已被人类切割得四分五裂了。

随着景观生态学的发展和对水平生态过程的研究逐渐加深，景观生态学（Landscape Ecology）强调水平生态过程与景观格局之间的相互关系，研究多个生态系统之间的空间格局及相互之间的生态系统，包括物质流动、物种流、干扰的扩散等，并用一个基本的模式，即“斑块—廊道—基质”来分析和改变景观，以此为基础，发展了景观生态规划模式。以决策为中心的规划模式和规划的可辩护性思想则在另一层次上发展了现代景观规划理论，使自然决定的规划重心回到以人为中心的规划基点，在更高的层次上能动地协调人与环境的关系和不同土地利用之间的关系，以维护人类及其他生命的健康与持续。

所以，这一时代，景观规划师所扮演的是协调者和指挥家的角色，所服务的对象是人类和其他物种，所研究和创作的对象是景观综合体，其指导思想是人类发展的可持续论和整体人类生态系统科学，包括人类生态学和景观生态学，其评价标准包括景观生态过程和格局的连续性、完整性，生物多样性和文化多样性，所要创造的人居环境是一种“可持续景观”。景观规划设计的任务不应仅局限于所谓公共性的基本原则及为人们提供优美而舒适的生活和娱乐环境上，而更应该看到人类的生存与健康发展，人类生存环境的维护与进一步完善，要从整个生态系统入手，努力寻找适合于不同生命物种生存以及不同人文思想存在的良性循环体系。

第二节 ⦿ 中国景观设计发展概述

在中国景观设计发展历程中，至今最值得称道的应该是中国古典园林时期。这个阶段大约是从公元前11世纪（奴隶社会末期）至公元19世纪（封建社会解体）止，相当于世界景观设计发展历程中的第一个阶段，即农业时代。在这三千多年的漫长发展史中，中国建立起了特色鲜明的古典园林艺术体系。清末至今，景观设计在中国也有所发展，却因战争、政治运动等因素的影响，与世界先进国家相比，理论研究及设计实践都相对滞后。下面对中国古典园林的类型及特点作简要分析。

一、园林类型

从功能和隶属关系的角度来看，中国古典园林的主流大体可分为三种类型，即皇家园林、私家园林和宗教园林。

皇家园林直接隶属于皇帝和皇室亲族，在造园的分布、形制、尺度、图案以及色彩等方面都带有非常明显和明确的皇权特征，相关规定亦非常严格，非其他等级者可以利用，违者则将受到严厉处罚。皇家园林一般集中在北方，其中有代表性的，至今尚基本完整的有北京的颐和园（图2-2-1）、香山的敬宜园、玉泉山的静明园以及河北承德的避暑山庄等。在古籍里所见到的被称为苑、御苑、宫苑以及苑囿、御园等名称的园林，大多属于皇家园林类型。

私家园林大多分布在我国南方，为贵族、官僚、地主以及其他具有一定权势和财富者所私有，古籍中所见到的园、园墅、草堂以及山庄、池馆等名称的园林，基本上属于私家园林类型。其中苏州园林[如“拙政园”(图 2-2-2，图 2-2-3)、“网师园”(图 2-2-4)、“留园”等]以其独树一帜的造园风格，巧夺天工般的设计，精湛的施工技艺，成为我国私家园林的典型代表。

宗教园林主要包括佛家的寺院和道家的道观，在古刹钟声、参天绿柏、郁郁葱葱之中掩映着青瓦红墙，一切皆显示出特有的园林特色。

图 2-2-1　颐和园

图 2-2-2　拙政园中部景观

(引自张家骥《中国造园论》，1995)

总体看来，不管是皇家园林、私家园林还是宗教园林，就设计风格而言，彼此并非完全割裂，而是有着其内在的关联性。譬如，在皇家园林和私家园林中，我们常会看到受佛、道、儒思想所影响的某种符号或图形，尤其受儒家思想影响的最为常见；同样，在宗教园林中，我们也可以看到来自于皇权或主流思想影响和制约的影子。

除主流园林之外，我国古典园林艺术中还包括集中反映儒家精神思想的祠堂，以及衙署园林、书院园林和会馆园林等，这些大都属于私家园林性质，对中国古典园林艺术的整体发展同样产生了不同程度的影响。

二、中国古典园林的艺术特点

在“天人合一”文化思想影响下，中国古典园林呈现出独特的艺术魅力，主要有以下

图 2-2-3　拙政园小飞虹景观示意

图 2-2-4　网师园月到风来亭景观示意

几个方面的特点。

1.“虽由人作，宛自天开”

老子说：“人法地，地法天，天法道，道法自然。”中国人的审美观中，往往重天然而轻人工（雕琢），尽管艺术离不开人工，但总是以不露人工痕迹为高一等的艺术。所以，计成在《园冶》中有“虽由人作，宛自天开”、“自成天然之趣，不烦人事之工”之言。这正是中国古典园林的重要特点之一。

2.“内敛含蓄，曲径通幽”

中国古典园林将人置于“自然”之中，做“浑然一体”看待，在“天人合一”文化思想的影响下，大多内敛含蓄、曲径通幽，绝不张扬。

3.“移步换景，巧于因借”

“移步换景”是造园师通过极其巧妙的设计，引导游客在各具特色的景区或景点之间游憩，是一步一景，而不是一览无余；“巧于因借”强调借景，《园冶》中借景分为“远借”、“邻借”、“仰借”、“俯借”、“应时而借”五种，古人的聪明才智可见一斑。

4.“小中见大，意境高远”

中国的艺术是非常注重“写意”的，如宗炳《画山水之序》中所言：“竖画三寸，当千仞之高；横墨数尺，体百里之遥。”在中国古典园林中，造园师为了在一个有限的环境里表现出具有更加广大或无限的物景，往往会极其巧妙地运用“小中见大”的方式，从而集中而概括地表现出自然之美，并给人以无尽的联想。“小中见大”的造园手法，主要反映在江南园林中。而大凡中国的艺术，都讲究“意境”，中国古典园林作为权贵或文人雅士们“托物言志”、“寄情于景”或“存神养性”的地方，自然要求造园师能够设计并营造出充满意境魅力的园林景观，在“意境高远”上下工夫。

第三章

景观构成的环境要素

第一节 ⊙ 外部环境要素

一、地域气候

地域气候的因素包括风向、光照、降水、空气湿度、温度等，这些因素对人们的生活方式和地域景观特征具有强烈的影响。不同的气候产生不同的景观特点，如我国南北方气候差异大，北方气候干燥，四季温差大，季节变化明显；而南方雨季时间长，空气湿度大，四季变化小。这样的环境差异造成北方和南方景观特征明显不同。"橘生南方为橘，生于北则为枳，叶徒相同，味相去甚远"，景观设计同此理。位于具体气候环境之下的景观设计，在景观元素的选择和配置上，必须要顺应气候，符合自然规律，否则，景观的生命力是非常短暂的。

二、历史文化与风土人情

历史文化与风土人情也是从事景观设计所要考虑的重要外部环境要素。景观是历史的反映，是特定地区的人们生活轨迹和特点的体现。在景观设计时，要调查分析当地的历史文化背景和风土人情特点，融入文化元素，体现文化内涵，让现代人去了解历史。每个设计场地都有其个性，世代生活于此的人们在区域中留下丰富的生产生活印迹，这些构成了独特的场地气质。对属于这片土地的、有历史价值的地上物要进行保留，并从景观特质和风景资源的视角出发，有选择地赋予其新的景观和功能属性，通过再生设计使景观得以再生，创作出特有的地域情节，延续地域文脉精神。景观是有生命的，不仅仅指动植物等自然元素的生长，还指历史文化与风土人情特征的延续。

第二节 ⊙ 景观地形

一、地形分类

根据设计形式的不同，地形可分为平地、坡地、山体三类。

（一）平地

平地按地面的材料分为土草地面、砂石地面、铺装地面（如砖、片石、水泥、预制块等）、绿化种植地面。为了有利于排水，一般要保持0.5%~2%的坡度（图3-2-1）。

图 3-2-1　斯坦福大学校园平地景观示意

（二）坡地

坡地即倾斜的地面，因地面倾斜的角度不同，可分为缓坡，坡度在 8%~10%之间；中坡，坡度在 10%~20%之间；陡坡，坡度在 20%~40%之间（图 3-2-2）。

图 3-2-2　坡地景观示意

（三）山地

山地的坡度一般大于 50%，包括自然山地和人工堆山叠石（图 3-2-3，图 3-2-4）。

图 3-2-3　山地（龙脊梯田）

图 3-2-4　山地（桂林山水）

二、山石造景

（一）山石造景常用石类

我国地域辽阔，山石资源丰富，奇、瘦、漏、透、秀、怪各具特色，各地都可利用当地的特有石材灵活造景。目前经常使用的天然石材有湖石、黄石、英石、斧劈石、石笋石、千层石等。

（1）湖石，石灰岩。色以青黑、白、灰为主，产于江浙一带。质地细腻，易被水和二氧化碳溶蚀，表面产生很多皱纹涡洞，宛若天然抽象图案一般。

（2）黄石，细砂岩。色呈浅黄等，产于江苏常州一带。材质较硬，因风化冲刷造成崩溃，沿节理面分解，形成许多不规则多面体，石面轮廓分明。

（3）英石，石灰岩。色呈青灰等，常夹有白色方解石条纹，产于广东英德一带。因山水溶蚀风化，表面涡洞互套、褶皱繁密。

（4）斧劈石，沉积岩。有浅灰、深灰、黑、土黄等色。产于江苏常州一带。具有竖线条的丝状、条状、片状纹理，又称剑石，外型挺拔有力，但易风化剥落。

（5）石笋石，竹叶状灰岩。色淡灰绿、土红，带有眼窝状凹陷，产于浙、赣常山、玉山一带。形状越长越好看，往往三面已风化而背面有人工刀斧痕迹。

（6）千层石，沉积岩。铁灰色中带有层层浅灰色，变化自然多姿，产于江、浙、皖一带。沉积岩中有多种类型、色彩。

还有一类是用水泥混合沙浆、钢丝网或 GRC（玻璃纤维水泥）作材料，人工塑料翻模成型的假山，又称“塑石”、“塑山”。

（二）山石造景

山石造景包括置石和堆山两部分。置石是以山石为材料作独立性或附属性的造景布置，主要表现山石的个体美或局部的组合，有特置、散点、峭壁山等形式。堆山则具备完整的山形，规模相对较大，因材料不同，可分为土山、石山和土石混合山。另外，由山石堆叠成的磴道、护岸等也很有特色。

1. 特置

按《园冶》所说，如院落较小，较适合于“稍点玲珑石块”，要少而精，突出重点，以一两块形质优美的石峰作为主体来点缀庭园空间。这种手法称之为特置。特置的石峰，可以是一块，也可以是两三块，若是两三块，应分出主从。传统园林中常以太湖石作为特置石种，著名画家米芾给予太湖石的审美评价是“透”、“漏”、“瘦”、“皱”。所谓“瘦”，是指壁立当空，孤峙无倚，具有伸展的瘦长体形，苏州著名的留园三峰——冠云峰（图3-2-5）、瑞云峰、岫云峰，无不清秀超拔，具有“瘦”的

图 3-2-5 留园冠云峰

品格。“透”和“漏”是太湖石更为重要的审美特征，“透”是指水平间嵌空多眼，此通于彼，彼通于此；“漏”是石上有眼，贯通上下。“透”和“漏”比较接近，表现为孔窍通达、玲珑剔透之美。就现存的名石来看，“透”、“漏”之美当首推上海豫园的“玉玲珑”，它高一丈有余，石体洁白如玉，形态婀娜多姿，秀润多孔，因而得名。所谓“皱”，是指脉络起隐，纹理纵横，面多坳坎，凹凸不平。“皱”与古代中国山水画中的“皴”有对应关系，沈宗骞之《芥舟学画篇·作法》云：“依石之纹理而为之谓之皴。皴者，皱也，言石之皮多皱也。”可见，皴即是皱，皱即是皴，皴是艺术领域中的皱，皱是现实领域中的皴。杭州花圃的“皱云峰”就是以“皱”为特色，可谓形同云立，纹比波摆。

2. 散点

散点即所谓“攒三聚五”、“散漫理之”的做法，用石要求较特置低，造景时常以黄石、湖石、英石、黄腊石、花岗石等三五成群，散置于路旁、林下、山麓、台阶边缘、建筑物角隅，可配合地形，植以花木。它的布置要点在于有聚有散、有断有续、主次分明、高低曲折、顾盼呼应、疏密有致、层次丰富。明代画家龚贤所著《画诀》说：“石必一丛数块，大石间小石，然后联络。面宜一向，即不一向亦宜大小顾盼。石小宜平，或在水中，或从土出，要有着落。”又说：“石有面、有足、有腹。亦如人之俯、仰、坐、卧，岂独树则然乎。”这是可以用来指导散点造景的。

3. 峭壁山

峭壁山是靠墙布置而成的，似以白墙为纸，以山石作画，如《园冶》所云：“峭壁山者，靠壁理也。藉以粉壁为纸，以石为绘也。理者相石皴纹，仿古人笔意，植黄山松柏、古梅、美竹，收之圆窗，宛然镜游也。”中国古典园林刻意追求诗情画意，这便是最好的佐证。园林中类似这种处理屡见不鲜，有的嵌石于墙内，犹如浮雕；有的虽与墙面脱离，却十分逼近，效果与前者同，均以粉墙为背景而肖似一幅古朴的图画。

4. 堆山

首先，堆山可以成为空间的主题和核心。一些规模较小的庭院空间，虽范围有限，却可借有限的空间与山石的对比，造成咫尺山林的气氛。例如，故宫中乾隆花园的第三、第四进院落就是属于这种情况。对于某些较大的庭院空间来讲，即使峰岩嶙峋，沟壑纵横，只要蹊径脉络分明，不仅可深得山林野趣，

且不致有凌乱、局促之感。例如，苏州环秀山庄的湖石假山和沧浪亭中心部分景区，都是以较大规模的堆山作为主题的。

山石除可以作为景观的主题以点缀空间外，尚可起分隔空间的作用。对于大型园林空间来讲，为避免空旷、单调和一览无余，通常可借山石把单一的大空间分隔成若干较小的空间。山石虽由人作，但毕竟属于自然形态的东西，凡以山石分隔空间，通常都可使被分隔的空间相互连绵、延伸、渗透，从而找不出一条明确的分界线，更能以不着痕迹的方法把人由一个空间引入另一个空间。例如，拙政园中部景区由假山分隔为前后两个狭长的空间，前部空间景观内容集中、变化丰富，后部空间则十分幽静。

利用山石作为界面，还可以形成园林空间。如南京瞻园，它的后部庭院空间仅有一半以建筑为界面，而另一半则以人工堆叠的山石为界面共同围合而成。由于综合运用两种不同的要素为界面，从而使所形成的空间既富人工美，又不乏自然情趣。北海濠濮间，其主要庭院空间位于建筑群之北，除南面很短的一段以建筑为屏障外，其余均以人工堆筑的山石为界面，自然情趣极为浓郁。苏州环秀山庄规模不大，然而就在这样有限的空间内，竟能够使人感到曲折不尽和变幻莫测，实有赖于巧妙地借堆山叠石组织园林空间，使山池萦绕，蹊径盘回，特别是峡谷、沟涧纵横交织和洞壑的曲折蜿蜒。

5. 其他

利用山石还可以堆叠成磴道、护岸等。以山石堆叠成的磴道，可随地形变化而任意转折起伏，与假山浑然一体，成为假山的一个组成部分，各种形式的磴道与路径相配合，不仅有效地解决了园内的交通联系问题，也大大地增加了空间的曲折性。而山石沿水面或沿高差变化山麓堆叠，转折自然，大小相间，疏密有致，高低错落，前后变化，可消除护岸生硬的感觉。另外，还可用山石作花台和室外器设等。

第三节 ⊙ 景观植物

一、植物在景观设计中的作用

(一) 生态效益

植物可以净化空气、水体和土壤，可以吸收空气中的烟尘、有害气体和杀菌，也可以调节大气温湿条件。植物通过叶片的蒸腾作用，调节空气的湿度，从而改善城市小气候，使人们具有舒适感。植物也可以减少城市中的噪声污染，通过科学的绿地设计，还能具有防灾避难、保护城市人民安全的作用。

(二) 社会效益

作为一种软质景观，植物可以柔化建筑生硬的轮廓，达到美化城市的效果。同时也可以美化城市环境，提升城市形象，展现城市风格。优秀的植物景观还可以陶冶情操，提供日常休闲、文化教育、娱乐活动的场所。

(三) 经济效益

许多植物还具有很高的经济价值。比如，果树中的桃、梨、梅、樱桃，香料树种茉莉、桂花、白玉兰、香水月季，药用植物金银花、白菊、石榴、杜仲、银杏等。

二、植物种植设计的一般原则

(1) 以乡土树种为主，以外来树种为辅，尤其是乔木。这并不意味着对外来树种的排斥。充分运用乡土树种，不仅可以使树木生长繁茂，而且具有浓郁的地方特色。

(2) 积极引种驯化，丰富当地树种。如杭州悬铃木、雪松、广玉兰和龙柏都是外来树种，通过近百年的栽培，证明确实在我国许多地方都能良好生长，深受群众喜爱，可以在植物配置中广泛应用。

(3) 以乔木为主，乔、灌、草以及花卉相结合。

(4) 植物配置所形成的风格必须与园林规划风格相一致。

(5) 植物的布局和配置，务必考虑植物的生物学特性和生态要求，做到因地制宜，因情制宜，适地适树。

(6) 要自觉地运用生态学观点去配置植物，要重视植物人工群落的稳定性，在选择和确定配置密度上都要予以慎重考虑。

(7) 要根据构景要求进行配置，如作主景、配景、背景、前景、隔景、框景、漏景、夹景、障景等，由于构景要求不同，在选择和配置植物时，也有所不同。

(8) 植物与建筑物、构筑物、道路、广场、山石、水体的结合，务求与环境相协调，甘当配角。

(9) 要考虑植物的时空变化和植物之间相互消长的关系。

(10) 植物造景是空间造型艺术，要在空间构图上符合造型艺术的规律。

三、植物配置的方式

植物配置形式多样，但主要是由以下几种基本组合形式演变而来。

(一) 孤植

孤植树主要是表现植物的个体美。孤植树的构图位置应该十分突出，形体要特别巨大，树冠轮廓要富于变化，树姿要优美(图 3-3-1)。

孤植树并不意味着只能栽一棵树，有时为了构图需要，增强其雄伟感，也常将两株或三株同一树种的树木紧密地种在一起，形成一个单元，效果如同一株丛生树干，也叫孤植树。

孤植树常布置在大草坪或林中空地的构图重心上，与周围的景点要取得均衡和呼应，四周要空旷，要留出一定的视距供游人欣赏。一般最适距离为树木高度的四倍左右。也可以布置在开阔的水边以及可以眺望辽阔远景的高地上。在自然式道路或河岸溪流的转弯处，也常要布置姿态、线条、色彩特别突出的孤植树，以吸引游人继续前进。

(二) 对植

凡乔灌木以相互呼应方式栽植在构图轴线两侧的称对植。种植形式有对称种植和非对称种植。

对称种植：经常应用在规则式种植构图中，如在公园或建筑物进出口两旁(图 3-3-2)。街道两侧的行道树是属于对植的延续和发展。

非对称种植：多用在自然式进出口两侧以及桥头、石级登道等处(图 3-3-3)。

对植最简单的形式是用两棵单株乔、灌木分布在构图中轴线两侧。属于对称种植的植物，必须要体型大小相同，树种统一，与对称轴线的垂直距离相等。非对称种植树种也应统一，但体型大小和姿态可以有所差异。与中轴线的垂直距离大者要近，小者要远，才能取得左右均衡，彼此之间要有呼应。

图 3-3-1 孤植

图 3-3-2 对植效果一

图 3-3-3　对植效果二　苏州耦园月洞门前对植树

（三）丛植

树丛，通常由2~10株乔木组成，如果加入灌木，总数最多可以达15株左右。树丛的组合主要考虑群体美，也要考虑到在统一构图中表现出单株的个体美。

作为纯观赏性或诱导树丛，可以用两种以上的乔木搭配栽植，或乔灌木混合配置，亦可同山石花卉相结合（图3-3-4）。庇荫用的树丛，通常采用树种相同、树冠展开的高大乔木，一般不与灌木配合。树丛下面还可以放置自然山石，或安置座椅供游人休息之用。但是道路不能穿越树丛，避免破坏其整体性。

（四）树群

多数（20～30株）乔木或灌木混合栽植的称树群。树群主要是表现群体美，因此对单株要求并不严格。树群可分为单纯树群和混交树群两类。

图 3-3-5　单纯树群

单纯树群：由一种树木组成，观赏效果相对稳定，树下可用耐荫宿根花卉作地被植物（图3-3-5）。

混交树群：在外貌上应注意季节变化，树群内部的树木组合必须符合生态要求，从观赏角度来讲，高大的常绿乔木应居中央作为背景，花色艳丽的小乔木应在外缘，大灌木、小灌木更在外缘，避免互相遮掩。但其任何方向上的断面，都不能像金字塔一样依次排列下来，而应该是林冠线有所起伏错落，水平轮廓要有丰富的曲折变化，树木栽植的距离要有疏有密，外围配置的灌木、花卉都要成丛分布，交叉错综，有断有续。栽植的标高要高于草坪、道路或广场，以利于排水，树群中也不允许有园路穿过（图3-3-6）。

图 3-3-4　丛植

图 3-3-6　混交树群

（五）树林

树林是大量树木的总体，它不仅数量多，面积大，而且具有一定的密度和群落外貌，对周围环境有着明显的影响。树林可粗略地概括为密林和疏林两种。

1. 密林

郁闭度为 0.7～1.0，阳光很少透入林下，所以土壤湿度很大，地被植物含水量高、组织柔软脆弱，是经不起踩踏和容易弄脏衣服的阴性植物，树木密度大，不便游人活动（图 3-3-7）。密林又有单纯密林和混交密林之分。

图 3-3-7　旧金山金门公园密林

单纯密林是由一个树种组成的。它没有垂直郁闭景观和丰富的季相变化。为了弥补这一缺点，可以采用异龄树种造林，利用起伏变化的地形，同样可以使林冠得到变化。林区外缘还可以配置同一树种的树群、树丛和孤植树，增强林缘线的曲折变化。林下配置一种或多种开花华丽的耐荫或半耐荫草本花卉，以及低矮开花繁茂的耐荫灌木。单纯配植一种花灌木可以取得简洁壮阔之美。多种混交可以取得丰富多彩的季相变化。为了提高林下景观的艺术效果，水平郁闭度不可太高，最好为 0.7～0.8，以利于地下植被正常生长和增强可见度。

混交密林是一个具有多层结构的植物群落，即大乔木、小乔木、大灌木、小灌木、高草、低草各自根据自己生态要求和彼此相互依存的条件，形成不同的层次，所以季相变化比较丰富。供游人欣赏的林缘部分，其垂直成层构图要十分突出，但也不能全部塞满，以致影响游人欣赏林下特有的幽邃深远之美。为了能使游人深入林地，密林内部可以有自然园路通过，但沿路两旁垂直郁闭度不可太大，游人漫步其中犹如回到大自然。必要时还可留出大小不同的空旷草坪，利用林间溪流水体，种植水生花卉，再附设一些简单构筑物以供游人作短暂的休息或躲避风雨之用，更觉寓意深远。

密林种植，大面积的可采用片状混交，小面积的多采用点状混交，一般不用带状混交，同时要注意常绿与落叶、乔木与灌木的配合比例，以及植物对生态因子的要求。

单纯密林和混交密林在艺术效果上各有特点，前者简洁壮阔，后者华丽多彩，两者相互衬托，特点更突出，因此不能偏废。但是从生物学的特征来看，混交密林比单纯密林好。

2. 疏林

郁闭度为 0.4～0.6，常与草地相结合，故又称草地疏林。草地疏林是景观规划设计中应用最多的一种形式。不论是鸟语花香的春天，浓荫蔽日的夏天，还是晴空万里的秋天，游人总是喜欢在林间草坪上休息、游戏、看书、摄影、野餐、观景等，即使在白雪皑皑的严冬，草坪疏林内仍然别具风味。所以疏林中的树种应具有较高的观赏价值，树冠应展开，树荫要疏朗，生长要强健，花和叶的色彩要丰富，树枝线条要曲折多姿，树干要好看，常绿树与落叶树搭配要合适。树木种植要三五成群，疏密相间，有断有续，错落有致，务使构图生动活泼。林下草坪应该含水量少，组织坚韧耐践踏，不污染衣服，最好冬季不枯黄。尽可能让游人在草坪上活动，所以一般不修建园路。但是作为观赏用的嵌花草地疏林，就应该有路可通，不能让游人在花地上行走。为了能使林下花卉生长良好，乔木的树冠应疏朗一些，不宜过分郁闭（图 3-3-8）。

图 3-3-8　疏林

（六）植篱

凡是以植物成行列式紧密种植，组成边界用的树墙的常称植篱，植篱具有组织空间、防止灰尘、吸收噪声、防风遮荫的作用，也常充当雕塑、装饰小品、喷泉、花坛、花境的背景，以及作为绿色屏障荫蔽不美观的地段。

植篱根据修剪与否，有整形植篱与自然植篱两种。前者一般选用生长缓慢、分枝点低、结构紧密、不需要大量修剪或耐修剪的常绿灌木或乔木，如黄杨类、海桐、法国冬青等，修剪成简单的几何体。后者可选用体积大、枝叶浓密、分枝点低的开花灌木为好，如木槿、枸骨、枸桔等，一般不加修剪，任其自然生长（图 3-3-9）。

图 3-3-9　中山岐江公园植篱

（七）花坛

凡在具有一定几何轮廓的植床内，种植各种不同色彩的观花或观叶的园林植物，

图 3-3-10　花坛

从而构成有鲜艳色彩或华丽图案的称为花坛。花坛富有装饰性，在景观构图中可作主景或配景。不同的环境有不同的花坛类型，如独立花坛、花坛群、花坛组群等（图 3-3-10）。

（八）草坪

草坪除供观赏外，主要用来满足广大游人的休息、运动和文化教育等活动需要，同时在防沙固土、环境保护等方面都有很大作用，是景观规划设计中不容忽视的内容之一。根据草坪规划的形式可分为两类。

1. 自然式草坪

它的主要特征在于充分利用自然地形，或模拟自然地形的起伏，形成原野草地风光。自然式草坪最适宜于布置在空旷或半空旷处。在游人密度比较大的地区，一般采用修剪草坪；在游人密度小的地区，可以采用不加修剪的高草坪或自然嵌花草坪，使景观更富于野生植物群落的自然面貌（图 3-3-11）。

图 3-3-11　自然式草坪

2. 规则式草坪

它在外形上具有整齐的几何轮廓，一般多用于规则式的环境中，或作花坛、道路的边饰物，布置在雕像、纪念碑或建筑物的周围起衬托作用。有时为了增加草皮观赏效果，可在边缘饰以花边，相互衬托，效果更好（图 3-3-12）。

图 3-3-12　规则式草坪

第四节 ◉ 景观水体

在景观设计中，水资源的保护利用及水景营建，一直占有重要的地位。景观中有水，不但能增加景色的美丽，使景色生动活泼，而且较大的水面往往是城市河湖水系的一部分，可以用来开展水上活动，有利于蓄洪排涝，形成湿润的空气，调节气温，吸收灰尘，有助于环境卫生，供给灌溉和消防用水，还可以养鱼及种植水生植物。

一、水的景观特性

（一）水的意境

水体本身是平淡无奇的，但是与周围景物相结合之后，就会表现出或幽远宁静，或热情昂扬，或天真质朴，或灵动飞扬的意境。早在两千多年前，孔子便有“仁者乐山，智者乐水”的洞察，可见水的意境是人的心灵与知性的反射。不同形态的水会产生截然不同的意境。静谧的水通常可以形成亲和而闲适的环境特征，奔腾的水则给人以变换的时空感。

（二）水的音响

水漫过或绕过障碍物时，喷射到空中然后落下时，从岩石跌落到池塘中时，都会产生各种各样的音响，有时欢悦清脆，有时压抑烦躁，有时狂暴粗野。水的音响效果对人的影响是不容忽视的，心理学家认为，恰当的水景设计会在燥热的天气中平抚人的情绪，给人以清爽的感受；但设计不好的水景，也会让人难以忍受。

（三）水的可塑性

水本身无固定的形状，它的形状取决于容器的形状。而水态表现的多样化，也决定于容器的大小、形状、色彩和质地，所以各种水池、塘、湖、水道的设计形式也决定了水在景观中的表现形式。

（四）水的力量

在大自然中，水通过冲击、漫流、滴落、跌坠而产生的雕蚀作品，其形式之丰富、气魄之宏大是人类所望尘莫及的。水在不同的地质条件下会留下不同的雕塑效果，即使在岩石上也会形成造型各异、风格独特的作品，具有人工所无法达到的自然感。

二、水景的表现形式

在景观设计中，水景的形式按水的状态可分为静态水景和动态水景两种。静态水景一般是指以片状汇聚的水面为主的水景形式，如湖、池等。动态水景则是以流动的水为

图 3-4-1　静水（安腾忠雄作品——水之教堂）

图 3-4-2　流水（2010 上海世博会景观设计）

主体，形式上主要有流水、落水和喷水三种。

（一）静水

静水的特点是宁静、祥和、明朗。它的作用主要是净化环境、划分空间、增加环境气氛（图 3-4-1）。静水的景观特质有以下三个方面：

1. 色彩

水本无色，但随着环境的变化与季节的更替，也会表现出变化无穷的色彩感，结合水自身的特质，具有朦胧通透的色彩。

2. 波纹

任何一种外来的力量，如风、雨或人力作用等，都会使静水呈现出涟漪或波浪，如在日光或月光下，更有波光粼粼的效果。

3. 光影

在光线的作用下，水面对物体会形成倒影、反射、投影等景观效果。充分利用这一点，可以丰富景观的层次。

（二）流水

流水包括河、溪、涧以及各类人工修建的流动水景，如运河、输水渠等，多为连续的、有急缓深浅之分的带状水景。有流量、流速、幅度大小的变化。其蜿蜒的形态和声响使环境更富有个性与动感（图 3-4-2）。

（三）落水

落水是指水源因蓄水和地形条件的影响而产生跌落，发生水位高差的变化。水由高处下落，受落水口、落水面构成的不同影响而呈现出丰富的下落形式。不同的落水带来不同的心理及视觉享受，时而潺潺细语，悠然而落，时而奔腾磅礴，呼啸而下，变化十分丰富（图 3-4-3）。

图 3-4-3　落水（路易斯·巴拉干作品——马厩与别墅）

图 3-4-4 压力水(唐纳喷泉)

（四）压力水

压力水是水受压后，以一定的速度、角度、方向喷出的一种水景形式，喷、涌、溢泉、间歇泉等，都呈动态的美，具有强烈的情感特征，也是欢乐的源泉(图 3-4-4)。

三、水景的应用类型

（一）按水体的形式，可以分为自然式和规则式

1. 自然式的水体

这是天然的或模仿天然形状的河、湖、溪、涧、泉、瀑等形成的水体，水体多随地形而变化(图 3-4-5)。

2. 规则式的水体

这是人工开凿成几何形状的水面，如运河、水渠、方潭、圆池、水井及几何形体的喷泉、瀑布等。常与雕塑、山石、花坛等一起组

图 3-4-5 自然式水体

图 3-4-6 规则式水体

景(图 3-4-6)。

（二）按水体的使用功能，可以分为纯观赏的水体和开展水上活动的水体

1. 纯观赏的水体

水面可以较小，主要是为构景之用。

2. 开展水上活动的水体

一般需要有较大的水面，适当的水深，清洁的水质，水底及岸边最好有一层砂土，岸坡要和缓。进行水上活动的水体，除了要符合活动要求外，也要注意观赏的要求，使得活动与观赏能配合起来。

（三）按形成的景观分类

1. 湖与海

湖与海为景观中的大片水面，一般有广阔曲折的岸线与充沛的水景。其大者可给人以“烟波浩渺，碧波万顷”的感觉。如四周有较高的山、塔等景物的倒影，将增加虚实与明暗对比的变化。大面积的水可以分隔，广阔的水面，一片汪洋，虽有“悠悠烟水”之感，但容易显得单调平淡，故常将大的水面空间加以分隔，形成几个趣味不同的水区，增加曲折深远的意境和景观的变化。

2. 水池

一般是指较湖为小的水面，分自然式和整形式。自然式水池为不规则形，整形式水

池可为方形、矩形、圆形、椭圆形及多角形等，也可在几何形的基础上加以变化。水池的位置可结合建筑、广场、道路、平台、花坛、雕塑、假山石、起伏的地形及平地等布置。水池可以作为景区局部的主景或附景，还可以结合地面排水系统，作为积水池。

3. 溪涧

由山间至山麓，集山水而下，形成溪涧。一般溪浅而阔，涧狭而深。造景时溪涧应左右弯曲，萦回于岩石山林间，或环绕亭榭，或穿岩入洞，有分有合，有收有放，构成大小不同的水面与宽窄各异的水流。

4. 跌水和瀑布

水体垂直跌落形成跌水或瀑布，跌水和瀑布的形式由落水口的形式决定，水口宽的瀑身呈帘布状，水口狭的呈线状、柱状。也可分水为两股的直落，数叠的叠落，先直落再在空中散成云雾状或被山石分成许多细流的散落。

5. 泉

景观中可利用天然泉设景，也可造人工泉。泉按其出水情况有涌泉、喷泉、壁泉等。涌泉多为天然泉水，常自成景点。喷泉多为人工整形泉池，常与雕塑、彩色灯光相结合，用自来水或水泵供水。喷泉的形式多种多样，有单喷头、多喷头、动植物雕塑喷水等。其喷流有直立向上或自由下流，有从泉池四周向中心喷射或在泉池中心垂直向上成水柱，有成抛物线或水柱交织成网，有单层或多层重叠等变化。喷泉位置常设于建筑物、广场、花坛、轴线交点和端点处。为使喷泉线条清晰，常以深色景物为背景。

6. 河流

河流按功能要求可分为通航的与观赏的，按形式可分为自然式和规则式。河流两岸植以枝条柔软的树木，如垂柳、榆树、乌桕、枫杨等；或植灌木，如迎春、连桥、六月雪等，枝条斜披低垂水面，缀以花草。

7. 井

井结合故事传说，或因水质甘冽等也可成为一景。还可在井上或井边建亭、台、廊等以丰富景色。

8. 岛

以岛划分的水面仍有连续感，岛在水中能增加景观的层次，打破水面的单调感。

(1) 岛屿的类型。

山岛：分为以土为主的土山岛和以石为主的石山岛。土山岛因土壤的稳定坡度有限制，需要和缓升起，所以土山的高度受宽度的限制，但山上可以广为种植，美化环境。石山岛可以有陡峭的悬崖峭壁，如人工掇成，一般以小巧险峻为宜。山岛上布置建筑一般设在最高点稍下一些的东南坡面上。建筑体量不宜太大，以增加山岛的高峻之势。

平岛：天然的洲渚系泥沙淤积而成，坡度坦缓。人工的平岛亦取法洲渚的规律，岸线圆润，曲折而不重复。岸坡平缓地伸入水中，使水陆之间感到非常接近，随水位的涨落，使岛有大小、形状的变化。平岛上的建筑布置及植物种植对景观的影响很大，一般建筑常临水设置，以表现水面平易近人的特点。种植要选择耐湿喜水的树种，水边可以配一些芦苇之类的水生植物。较大的平岛要能保持野趣的风貌，可有飞鸟水禽的巢穴，增加生动自然的景色。

半岛：半岛有一面连接陆地，三面临水，还可以形成石矶，矶顶、矶下应有部分平地，以便游人停留眺望。岛陆之间可通道路，便于游览。

岛群：分散的群岛或紧靠在一起的当中有水的池岛。如杭州西湖的三潭印月，远观为一大岛，而岛内由无数岛连接形成岛中有湖、内外不同的景观。

礁：水中散置的点石，或以玲珑奇巧的石作孤赏的小石岛，尤其在较小的整形水池中，常以小石岛来点缀或以山石作水中障景。

(2) 岛的布置。水中设岛忌居中、整形，一般多在水面的一侧，以便使水面有大片完整的感觉，或按障景的要求，考虑岛的位置。岛的数量不宜过多，应视水面的大小及造景的要求而定。岛的形状切忌雷同。岛的大小与水面大小应成适当的比例，一般岛的面积宁小勿大，可使水面显得大些。岛小便于灵活安排。岛上可建亭立石和种植树木，取得小中见大的效果。岛大可安排建筑，叠山和开池引水，以丰富岛的景观。

9. 堤

堤可将较大的水面分隔成不同景色的水区，又能作为通道。较为常见的是直堤，曲堤较少。为避免单调平淡，堤不宜过长。为了便于水上交通和沟通水流，堤上常设桥。如堤长桥多，则桥的大小和形式应有变化。堤在水面的位置不宜居中，多在一侧，以便将水面划分成大小不同、主次分明、风景有变化的水区。也有使各水区的水位不同，以闸控制并利用水位的落差设跌水景观。用堤划分空间，需在堤上植树，以增加分隔的效果。长堤上植物花叶的色彩，水平与垂直的线条，能使景色产生连续的韵律。堤上路旁可设置廊、亭、花架、凳、椅等设施。堤岸用缓坡的或石砌的驳岸，堤身不宜过高，以使游人接近水面。

10. 桥

水面的分隔及两岸的联系常用桥。水浅距离近时也有用汀步的。桥能使水面隔而不断，一般均建于水面较狭窄的地方，但不宜将水面分成平均的两块，仍需保持大片水面的完整。为增加桥的变化和景观的对位关系，可应用曲桥。曲桥的转折处应有对景。通行船只的水道上，可应用拱桥。拱桥的桥洞一般为单数，并考虑桥拱倒影在正常水位时成圆形的景色。在景观视点较好的桥上，要便于游人停留观赏。

11. 驳岸

驳岸的处理直接影响水景的效果。当岸坡角度小于土壤安息角时，可用土壤的自然坡度，有时为防止水土的冲刷，可以种植植物，用植物的根系保护岸坡，也可设人工砌筑的护坡；当岸坡角度大于土壤安息角时，则需人工砌筑成驳岸。按驳岸的形式，可以有规则式的和自然式的两种。规则式的驳岸系以石料、砖或混凝土等砌筑的整形岸壁。自然式的驳岸则有自然的曲折、高低等变化或以假山石堆砌而成。为使山石驳岸稳定，石下应有坚实的基础。在较小的水面中，一般水岸不宜有较长的直线，岸面不宜离水面太高。假山石岸常于凹凸处设石矶挑出水面，或留洞穴使水在石下望之深邃黝黑，似有泉源，或于石缝间植藤蔓低垂水面。

第五节 ⊙
景观道路

道路是景观的骨架和脉络，是构成景观的重要因素。景观道路的形式有很多，本节主要讨论景区游览道路的规划设计问题。

一、景区游览道路的作用

（一）组织交通

景观道路担负着与外界道路相联系，集散人流、车流的作用；同时要满足日常养护

图 3-5-1　中山岐江公园游览道路之一

管理的交通要求。

（二）引导游览

根据不同游人的需要组织不同内容的游览，并对景观的展开和观赏程序起着组织的作用。

（三）组织空间、构成景色

道路能起分景和组织空间的作用，它的线型和铺装可与园林植物、建筑、山水等构成各种富于变化的美景，所以布置得好的道路，既是路，也是景。（图 3-5-1，图 3-5-2，图 3-5-3）

二、景区游览道路规划设计要点

（一）分类

景区游览道路按功能可分为主要道路（主干道）、次要道路（次干道）和游息小路

图 3-5-2　中山歧江公园道路之二

图 3-5-3　杭州西溪木栈道

（游步道）三种类型。

1. 主要道路

这是大量游人所要行进的主要路线，必要时可通行少量管理用车，道路两旁应充分绿化。在城市公园中，宽度为 4～6 米，一般不超过 6 米，以便形成两边树木交冠的庇荫效果。

2. 次要道路

这是主要道路的辅助道路。分散在各区范围内，连接各景区内的景点，通向各主要建筑。在城市公园中，路面宽度常为 2～4 米，要求能通行小型服务用车辆。

3. 游息小路

这类小路主要供散步休息、引导游人更深入地到达各个角落。考虑两人行走，一般宽 1.2～2 米，小径也可为 1 米。按路面材料可分为土草路、泥结碎石路、块石纹路、砖石拼花路、条石铺装路、水泥预制块路、方砖路、混凝土路、沥青柏油路、沥青砂混凝土路等。

（二）交通性和游览性

景区游览道路不同于一般纯交通的道路，其交通功能从属于游览要求。对于交通的要求一般不以捷径为准则，总的来看交通性从属于游览性，但不同类型的道路在程度上又有差异，一般主要道路要比次要道路和小路交通性强一些。

（三）主次分明

道路系统必须主次明确，方向性强，才不致使游人感到辨别困难，甚至迷失方向。主要道路不仅要在宽度和路面铺装上有别于次要道路，而且要在景观的组织上给人留下深刻的印象。

（四）因地制宜

景观的地形地貌往往决定了景观道路系统的形式。狭长的基地，主要活动设施和各景点必沿带状分布，主要道路必呈带状。有山有水的景区，主要活动设施往往沿湖和环山布置，主干道必然是套环式的。从游览的角度要求，路网的安排应尽可能是环状，以

避免出现“死胡同”或使游人走回头路。

（五）疏与密

道路的疏密和景区的性质、地形、游人的多少有关。总的来说不宜过密。过密不但增加了投资，还有造成景观分割过碎之弊。

（六）曲折迂回

道路的曲折迂回一方面是地形的要求，另一方面是功能和艺术的要求。必须防止矫揉造作，三步一弯，五步一转，使人感到杂乱、琐碎。

（七）交叉口处理

道路交叉口的处理必须注意以下几个方面：

（1）避免交叉口过多，交叉口和分叉口应能分出主次，使导游方向明确。

（2）两条主要道路相交应尽可能采取正交，为避免游人过于拥挤也可形成小广场。

（3）如两条道路成锐角斜交，锐角不应过小。

（4）两条道路成丁字形交接时，在交点处可布置道路对景。

（八）道路和建筑的联系

靠近道路的建筑一般面向道路，并不同程度地后退，远离道路。在一般情况下道路可采取适当加宽或分出支路的办法与建筑相连。游人量较大的主要建筑，后退道路较多，形成建筑前的集散广场，道路可通向广场与建筑相连。对于可穿越的建筑，道路可以穿越建筑或从建筑的支柱层通过。靠山的建筑利用地形分层入口，游人可以竖向穿越建筑。

（九）山地道路的布置

山路的布置主要根据山的体量、高度、地形变化、建筑安排、绿化种植等综合考虑。一般采用自由式布置。山地道路因受地形限制，宽度不宜过大，一般大路宽 1.2 ~ 3 米，小路则不大于 1.2 米。当道路坡度在 6% 以内时，可按一般道路处理，超过 6% 就应顺等高线做成盘山道以减小坡度。当山路纵坡超过 10%，下山时易滑，使人有站不住脚的感觉，就需要设置台阶。山道台阶每 15 ~ 20 级最好有一段较平坦的路面让人间歇，并适当设置坐椅供人们休息眺望。

（十）台阶

台阶是为解决地形的高差而设的。它除了使用功能外还有美化装饰的作用。台阶附设于建筑出入口、水旁岸壁和山路等。台阶依材料分有石、钢筋混凝土、塑石等。用天然石块砌的台阶富有自然风格；用钢筋混凝土板做的外挑楼梯台阶空透轻巧；用塑石做的台阶色彩丰富。台阶要布置自然，务必结合地形高低，弯曲自如，尺度适宜，一般室外游息台阶应比建筑物内的踏步坡度略小，踏面宽度 30 ~ 38 厘米，高度 10 ~ 15 厘米。

（十一）铺装

铺装除了要求坚固、平稳、耐磨、防滑和易于清扫之外，还应满足景观设计在丰富景观、引导游览和便于识别方面的要求（图 3-5-4，图 3-5-5，图 3-5-6，图 3-5-7，图 3-5-8）。

图 3-5-4　浮雕铺地

图 3-5-5　木质铺地

图 3-5-6　卵石铺地

图 3-5-7　条石铺地

图 3-5-8　玻璃铺地

第六节 ⊙ 景观建筑及小品

一、建筑

建筑在景观环境设计中具有重要作用。建筑设计牵涉的因素很多，建筑形式丰富多彩。这里主要讨论园林建筑设计的一些问题。

（一）园林建筑的作用

1. 满足功能要求

各类园林建筑尽管名目繁多，分析起来也都是直接或间接为人们休息游览活动服务的。因此，满足人们休息、游览、文化、娱乐等活动要求，就是各类园林建筑最主要的功能。

2. 组成游览路线和组织风景画面

园林建筑在组成游览路线方面的作用，概括起来有两种情况：一是在以自然风景为主的外部空间中，园林建筑配合风景布局，形成游览路线的起承转合。沿着游览路线，在人们视线所能达到的地方，园林建筑往往以它所处的有利位置，和它具有的独特造型，为人们展现出一幅幅或动或静的自然风景画面。当体量较大的建筑成为全园的主景时，还可以给人一种“控制”、“统帅”景观的感觉。

另一种情况是在以建筑为主的内部空间中，根据功能和艺术的需要，用建筑、廊、墙垣、隔断、栏杆等进行各种空间组合而形成的内部活动路线，沿着这条内部活动路线所展现出的一幅幅画面，主要是以建筑景观为主。

（二）园林建筑的分类

1. 按传统形式分类

我国传统园林建筑具有因地制宜的总体布局，富于变化的群体组合，丰富多彩的立体造型，灵活多样的空间分隔，协调大方的色彩运用，在世界园林史上独树一帜，必须认真学习和继承。

（1）亭。《园冶》谓："亭者，停也，所以停憩游行也。"亭是最常见的眺览、休息、遮阳、避雨的点景建筑。亭在我国园林中是运用最多的一种建筑形式。

亭的形式很多，从平面上分有圆形、长方形、三角形、四角形、六角形、八角形、扇形等；从屋顶形式上分有单檐、重檐、三重檐、钻尖顶、平顶、歇山顶、单坡顶（如扇亭）、褶板顶等；从位置上分有山亭、半山亭、桥亭、沿水亭、靠墙的半亭、在廊间的廊亭、路中的路亭等。

（2）廊。廊在中国园林里广泛应用，廊除能遮荫防雨、供作坐息外，最主要的是作为导游参观和组织空间用。廊还可作透景、隔景、框景用，使空间产生变化。

廊依位置分有沿墙走廊、爬山廊、水走廊等；依结构形式分有两面柱廊的空廊，一面柱廊、另一面为墙或漏花墙的半廊，两面柱廊、中间有漏窗或窗框墙相隔的复廊（也称复道）等；依平面分有直廊、曲廊、回廊等。

（3）榭。榭一般指有平台挑出水面观览风景的园林建筑，如南京中山陵水榭。

《园冶》谓："榭者，借也。借景而成者也，或水边，或花畔，制亦随志。"现有的榭，以水榭居多，体形扁平，近水有平台伸出，设休息椅凳，或鹅颈靠（俗称美人靠），以便倚水观景。较大的水榭可结合布置茶座或兼作水上舞台等。

（4）舫。舫，也称旱船，不系舟。舫的立意是"湖中画舫"，运用联想使人有虽在建筑中，犹如置身舟楫之感。

（5）厅堂。厅堂是园林中的主要建筑。"堂者，当也。为当正向阳之屋，以取堂堂高显之义。"厅亦相似，故厅堂常一并称呼。

厅堂大致可分为一般厅堂、鸳鸯厅和四面厅三种。鸳鸯厅是在内部用屏风、门罩、隔扇分为前后两部分，但仍以南向为主。四面厅在园林中广泛运用，四周为画廊、长窗、隔扇，不做墙壁，可以坐在厅中，观看四面景色。

（6）楼阁。阁是园林中的高层建筑，与楼一样，均是登高望远、游息赏景的园林建筑。现代园林中所建的楼多为茶室、餐厅、接待室等。

（7）花架。花架是指用以支撑攀援植物藤蔓的一种棚架式建筑小品。因为所用的攀援植物多为观花灌木，如蔷薇、木香、紫藤、凌霄等，所以习惯上称之为花架。花架既具有廊的功能，又比廊更接近自然，更能融合于环境中。花架的形式较多，可分为两大类，即廊式花架和亭式花架。

其他如有殿、斋、馆、轩、祠等的古建筑，都各有其含义与功能。现代园林建筑小品已打破了传统的形式，呈现出丰富多彩的设计（图 3-6-1，图 3-6-2，图 3-6-3，图 3-6-4，图 3-6-5，图 3-6-6）。

图 3-6-1　草亭

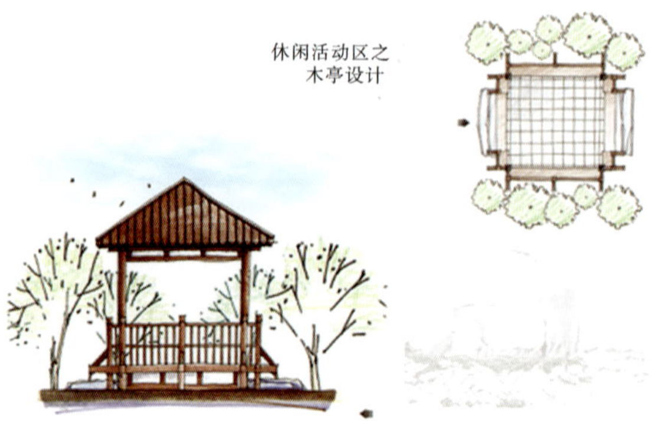

图 3-6-2　木亭

图 3-6-3　杭州西溪湿地园林建筑

图 3-6-4　芝加哥千禧公园建筑小品之一

图 3-6-5　芝加哥千禧公园建筑小品之二

图 3-6-6 “2010 上海世博会”建筑小品

2. 按园林建筑的使用功能分类

按园林建筑的使用功能可分成以下几类：

文教宣传类：各类展览馆、博物馆、纪念馆、陈列室、阅览室以及各类文物保护建筑、动植物展览建筑、展览温室、盆景园、花卉展览、植物展览廊等。

文娱体育类：游艺室、乒乓室、棋艺室、音乐厅、体育场、游泳池、溜冰场、各类球场、划船俱乐部、划船码头等。

服务类：餐厅、茶室、小吃部接待室、旅馆小卖部、摄影服务部、厕所等。

点景游息类：塔、亭、廊、榭、舫、阁、花架等。

管理类：管理办公室等。

（三）园林建筑的组合形式

中国古典园林建筑的特点之一就是"化大为小，融于自然"。应竭力避免将各种不同功能的用房组织在同一幢建筑内，形成庞大、孤单、笨重的体型，而是采取将不同功能的部分组织在大小形状不同的建筑体型内。在建筑造型上突破各自的性格，结合自然环境的特点，因地制宜地用廊、墙、路、台等，将它们组合成庭院式的建筑组群。典型的古典庭院建筑形式是围绕水塘布置榭、斋、亭、舫、厅等类型建筑，其中榭、水亭凸出水面，斋、厅等则从水岸后退，舫为船楼形式。

（四）园林建筑设计要点

1. 满足功能要求

园林建筑的布局首先要满足功能要求，包括使用、交通、用地要求等，必须因地制宜、综合考虑。例如，亭、廊、舫、榭等点景游息建筑，需选择环境优美，有景可赏，并能控制和装点风景的地方；餐厅、茶室、照相等服务建筑一般设计在交通方便，易于被发现之处，但又不占据园中的主要景观位置；阅览室、陈列室，宜布置在风景优美、环境幽静的地方，另居一隅，以路相通；人流较集中的主要建筑，应靠近主要道路，出入方便，并适当布置广场；管理建筑不为游人直接使用，一般布置在园内僻静处，设有单独出入口，不与游览路线相混杂，同时考虑管理方便；厕所应均匀分布，既要隐蔽又要方便使用。

2. 满足造景要求，与自然环境有机结合

在进行园林建筑设计时要巧于利用基址，即要造怎样的景，利用基址的什么特点造景。对有否大树、山岩、泉水、古碑、文物等都要调查研究，反复推敲。首先要选择好基址，因为不同的基址，有不同的环境，不同的景观。园林建筑高架在山顶，可供凌空眺望，有豪放平远之感；布置在水边，有"近水楼台"、漂浮水面的趣味；隐藏在山间，有峰回路转、豁然开朗的意境。即使在同一基址上建同样景观的建筑，不同的构思方案，对基址特点利用的不同，造景效果也大不相同。

园林建筑设计还应注意室内外相互渗透，使空间富于变化。例如，可将室外水面引入室内，在室内设自然式水池，模拟山泉、山池；还可将园林植物自室外延伸到室内，保留有价值的树木，并在建筑内部组成景致。

二、小品

小品分设施小品和雕塑小品两种类型。设施小品指为满足人们赏景、休息、娱乐、健身、科普宣传、卫生管理及安全防护等需要而设置的构筑物性质的小品，如护栏、圆桌、椅凳、宣传牌、标志牌、灯具、果皮箱等；雕塑小品指富有生活气息和装饰性的小型雕塑，如人物及动物具象雕塑及反映现代艺术特质的抽象雕塑等。

（一）设施小品

1. 小品的功能

（1）造景功能。小品具有较强的观赏价值，所以能在环境景观中发挥重要的造景功能，在整体环境中，小品虽然体量不大，却往往起着画龙点睛的作用。

（2）使用功能。小品具有使用功能，可以直接满足人们的使用需要，如园灯可以提供夜间照明，方便夜间休闲活动；儿童游乐设施小品可为儿童游戏、娱乐、玩耍提供条件。

(3) 信息传达功能。小品还具有信息传达功能，如宣传廊、宣传牌可以向人们介绍各种文化知识以及进行各种法律法规教育等；有些小品则可提供各种信息，如道路标志牌可以提供有关交通方位上的信息。

(4) 安全防护功能。小品还具有安全防护功能，以保证人们游览、休息或活动时的人身安全，并实现不同空间功能的强调和划分以及环境管理上的秩序和安全，如各种安全护栏、围墙、挡土墙等。

2. 小品的设计原则

(1) 满足行为需求。景观小品的服务对象是人，因此其设计首先必须以人为本，从人类的行为、习惯出发进行设计，人类行为的各种状态是小品设计的重要参考依据；其次，在进行小品设计时，要了解人的尺度，并由此决定小品的空间尺度。

(2) 满足心理需求。小品的设计要满足人在私密性、归属性等方面的需求。例如，在设计居住小区的座椅时，不仅要考虑座椅的尺寸，而且要考虑座椅的布置方式，座椅供几个人坐等问题。

(3) 满足审美要求。小品应具有视觉美感，具有适宜的比例和优美的造型，必须符合美学原理。小品的设计是一种艺术创作。

(4) 满足文化认同感。小品还应具有文化内涵，要反映时代的、地域的、民族的、大众的文化特征。

(5) 满足环境的整体要求。小品与所在环境之间有着密切的依存关系。小品的空间尺度和形象以及材料、色彩等因素应与周围环境相协调。在设计小品时，一方面要分析环境对小品可能产生的影响；另一方面要分析和设想小品在环境中的效果(图 3-6-7，图 3-6-8)。

(二) 雕塑小品

1. 雕塑小品的类型

雕塑有表现景观意境和主题、点缀装饰风景、丰富游览内容的作用。根据景观雕塑所起作用的不同，可分为纪念性雕塑、主题性雕塑、装饰性雕塑和陈列性雕塑四种类型。

图 3-6-7 “2010 上海世博会”设施小品——座椅

图 3-6-8 设施小品——信息台

(1) 纪念性雕塑：以雕塑为主，并以雕塑的形式来纪念人与事。纪念性雕塑最重要的特点是它在环境景观中处于中心或主导位置，起到控制和统帅全部环境的作用。

(2) 主题性雕塑：一般环境无法或不易

具体表达某种思想，主题性雕塑同环境有机结合，可以在特定环境中揭示某些主题。

（3）装饰性雕塑：装饰性雕塑以雕塑作为环境构成要素，不强求鲜明的思想性，强调环境的视觉美感作用。

（4）陈列性雕塑：陈列性雕塑是指以优秀的雕塑作品陈列作为环境的主体内容。有时大量陈列性的雕塑可以组成雕塑公园或艺术长廊。优秀的雕塑组合具有非凡的艺术感染力（图3-6-9，图3-6-10，图3-6-11，图3-6-12，图3-6-13）。

图3-6-9 “2010上海世博会”雕塑小品之一

图3-6-10 “2010上海世博会”雕塑小品之二

2. 雕塑的材料

景观雕塑材料的选择首先要考虑与周围环境的关系，一是要注意相互协调，二是要注意对比效果，因地制宜，创造性地选择材料以取得良好的艺术效果。室外雕塑的材料一般分为五大类：第一类是天然石材，即花岗岩、砂石、大理石等天然石料；第二类是金属材料，包括铸铁、铸铜、不锈钢、铝合金等材料；第三类是人造石材，即混凝土等制品；第四类是高分子材料，即树脂塑性材料；第五类是陶瓷材料，即高温焙烧制品。

3. 雕塑的布置

景观雕塑的平面设计有以下几种基本类型：

（1）中心式：景观雕塑处于环境中央位置，具有全方位的观察视角，在平面设计时要注意人流特点。

（2）丁字式：景观雕塑在环境一端，有明显的方向性，气势宏伟、庄重。

（3）通过式：景观雕塑处于人流线路一侧，不如丁字式显得庄重。比较适合用于小型装饰性景观雕塑的布置。

（4）对位式：景观雕塑从属于环境的空间组合需要，并运用环境平面形状的轴线控制景观雕塑的平面布置，一般采用对称结构。这种布置方式比较严谨，多用于纪念性环境。

（5）自由式：景观雕塑处于不规则环境，一般采用自由式的布置形式。

图 3-6-11　苏州工业园区雕塑小品之一

图 3-6-12　苏州工业园区雕塑小品之二

图 3-6-13　苏州工业园区雕塑小品之三

第四章

景观设计的理论基础

第一节 ⦿ 景观形态设计基础

一、基本操作和形态力

景观形态设计牵涉到形态力的概念。生物形态的形成靠生命力的增长，是内力运动变化的结果；在外部环境的影响下，靠生命力克服外部环境的阻挠，从而在内力与外力的对抗矛盾中，最终形成千姿百态的形态。在人为形态的组织中，应该考虑这种形态内在力的存在，充分利用和联结好形态内力与外力的矛盾冲突。

（一）基本元素和力

1. 点

点是最基本最简单的构成单位，它不仅指明了在空间中的位置，而且使人能感觉到在它内部还具有膨胀和扩散的潜能作用在其周围空间。当出现两个点时便表现出长度和隐晦的方向，一组“内”能在两个点之间产生特殊的张力，直接影响介于其间的空间。以成簇或扩散的形式随意布置一些点，便引起了能量和张力的多样化。这些能量和张力作用于这些点所占据的内部空间。如果这些点的大小再有不同，所有这些感觉便会增强。点是造型的出发点，是一切形态的基础。点是力的中心，具有构成重点的作用。点主要通过其大小、与背景的色差及距视觉中心的距离体现形态力，比如前进和后退、膨胀或收缩等(图 4-1-1)。

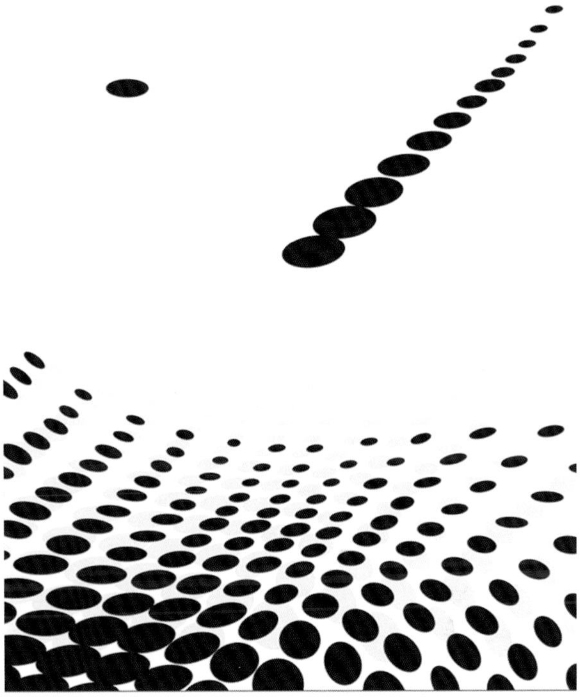

图 4-1-1　点元素示意

2. 线

线可以被想象为一串联系在一起的点。它指示了位置和方向，并且在其内部聚集起一定的能量，这些能量似乎沿其长度在运行，并且在各个端部加强，暗示出速度，并作用在其周围空间。它能够以一种有限的形式表达感情，如细线可以联想为缺少勇气；直线可联想为强壮和稳定；折线则联想为骚动；一组长度和粗细相同的直线平行排列可以产生均衡的联结和有韵律的间隔，改变它们的长度和粗细，则会出现更丰富的韵律和视觉“冲击”；斜线产生方向上强烈的刺激，一股既趋向垂直方向又趋向水平方向的动力保持着悬而未决的平衡形式，这是一种未被解决的张力所产生的效果。

线是一切形象的代表，直线和曲线两大系统，包括两者的组合，形成各种形象，是决定一切形象的基本要素。因为线是由点移动而形成的，本身具备着动的力量，所以基于其形状、位置、方向等变化而显示的力量、速度、方向等因素造成的运动感，成为支配形态设计中线的感情的主要条件（图 4-1-2）。

图 4-1-2　曼彻斯特帝国战争博物馆之一

图 4-1-3　曼彻斯特帝国战争博物馆之二

3. 面、块体

无论是扩大点成为面，移动点与线铺成面，还是移动面、围合面成为立体的块体，基本元素形成各种形态的运动过程中都存在着形态力的千变万化。在思考面和块的形态力，讨论三向度的问题时，设计者需对以上已讨论过的因素作相应的限定（图 4-1-3，图 4-1-4）。

（二）积聚、切割和变形

设计中对形态要素进行操作的基本手法不外乎积聚、切割和变形三种，或者是其中两者、三者的综合操作。

1. 积聚

许多基本形态向某些位置聚集（趋近于某些点、某些线或形成某种结构），或者由某些位置扩散，造成方向趋势上的规律和疏密、虚实上的对比，称为积聚。积聚是一种"加法"的操作，它是以单体的形态为前提的，积聚中单体的数量越多，密集的程度越高，积聚的操作特征就越强，由积聚产生的新形态的积极性就越高；但与此相应，单体的个性和独立性则越少，趋向消失。在景观设计中，积聚的特征一般是较强的，单体数量多时，基本单体以简单为宜，注意力应放在总体的操作上；相反，当单体数量少时，对单体的推敲是极重要的（图 4-1-5）。

图 4-1-4　荷兰鹿特丹立体方块屋

图 4-1-5　赖特作品——流水别墅

2. 切割

积聚是把基本形态作空间运动，按骨骼系统集积起来成为整体。而相反，切割是把一个整体形态分割成一些基本形，然后进行再构成。相对于积聚，切割是一种“减法”的操作过程。可以将一个形象或者一个块体作不同的分割，赋予形态以不同的新的性格，进一步可以去掉一部分基本形，形成减缺、穿孔或消减；也可以把切割出来的基本形作各种位置的变化，加以滑动、拉开、错落等移位操作。经过切割移位操作的形态，如果其变化尚能看出原形，那么各局部之间的形态张力就会造成一种复归的力量，使整体形态具有统一的效果(图 4-1-6)。

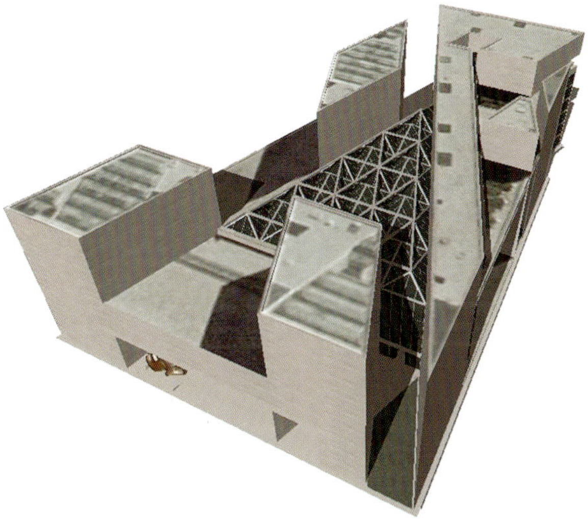

图 4-1-6　贝聿铭作品——华盛顿国家艺术馆东馆

图 4-1-7　柯布西埃作品——朗香教堂

3. 变形

将形态进行变形，主要指对线、面、块进行卷曲、扭弯、折叠、挤压、生长、膨胀等各种操作，使形态力发生变化，产生紧张感，形成各种新形态。变异的结果称为写形，写形依附于原形，但与原形不同。在变形过程中原形有着逐渐膨胀、分散的倾向；从有秩序向无秩序过渡的倾向；从主观的、机械的操作到无意识的、情感的创作的倾向(图 4-1-7)。

(三) 联结部位和结构特征

1. 不同性质的联结

形态的联结部位是形态变化的重点部位，如一物与另一物的联结部、各物端部的处理、不同构件的穿插、不同材料的交头、不同形体的转折、不同色彩的过渡、由方到圆、由粗到细、由旧到新等(图 4-1-8，图 4-1-9)。

2. 形态的结构特征

形态的结构特征不同，反映出形态内在

图 4-1-8　蜘蛛网在联结部位的加固

图 4-1-9　蓬皮杜中心类似蜘蛛网的联结部位

形态力的不同，使形态体现出有个性的情态特征。比如线构成因其充满弹性而有紧张、空灵、轻快的感觉，面构成具有表面的广延性和空间的包容性，块构成具有重量感，显得充实、稳定……在形态操作中对于这类由结构特征引起的情态特征，应充分利用，加以强调，甚至加以夸张变异。

（四）肌理

1. 对肌理的理解

“肌”可以理解为原始材料的质地，“理”可以理解为纹理起伏的编排。比如一张白纸可折出不同的起伏状态，花岗石可磨制为镜

图 4-1-10　肌理效果

图 4-1-11　沙的肌理

面状态。虽然材质并无变化，但肌理形态却有了较大的改观。可见在设计中对“肌”主要是选择问题，而对“理”却有更多的设计可能，因此我们应把更多的注意力放在对纹理起伏的编排上（图 4-1-10）。

2. 肌理的尺度

事物都是放在一定范围内来下定义的。当你进入沙漠中，一粒粒黄沙呈肌理状态，而从空中鸟瞰，沙丘的起伏又形成了肌理效果。由于人眼分辨能力的限制，观察距离的改变造成了不同层次的肌理效果，这就是肌理的尺度概念。景观的尺度很大，往往要从不同的视距来观赏，在设计中仅从材料质感的角度考虑是不够的，更需考虑改变原始材料起伏编排的可能，在各种尺度层次上创造出丰富多姿的肌理形态来（图 4-1-11）。

二、形态的组织

（一）完形和单纯化

研究表明，单纯化是视知觉在接受对象时的基本法则，对于过于繁复杂乱的形态，视知觉会因感到疲劳而拒绝接受，人们便放弃了认知过程。这就是为什么单纯的形态容易识别，也易于记忆，而复杂的形态不易被认知，在记忆的过程中也往往被逐渐单纯化的原因。美国心理学家阿瑞提(Silvano A-rieti)认为，诸如感觉、知觉、学习、记忆、观念、联想等这些不同水平的认识，都遵循以下三个基本操作模式：

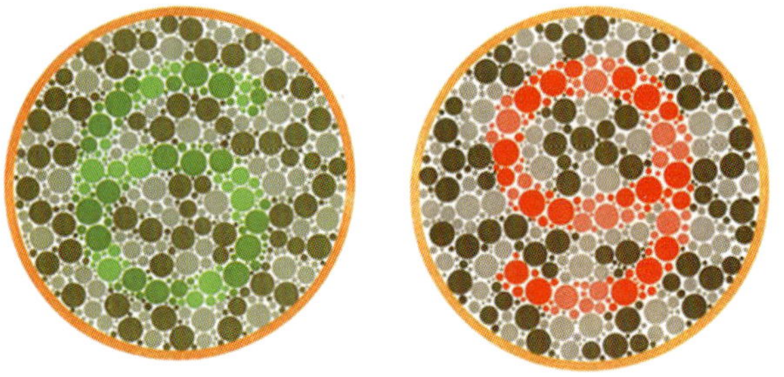

图 4-1-12 相似的圆点被从背景中区分了出来

1. 相似模式与同一性

人们识别形态的基本点是把形象从背景中区分出来，如果区分不出来，形象含混不清，认知的过程就不复存在，更谈不上组织好形态。识别形态的第一种模式是相似模式。检查色盲的小册子是由不同形状、不同色彩的小圆点组成，其中相似的圆点就构成一个组合的形体，被从背景中区分了出来（图 4-1-12）。这种相似模式的心理过程，把个体的个性暂时抹煞了，而它们之间所具有的相同的因素却加强了个体之间的联系，这就使心理过程单纯化了，形态则便于理解。这种使形态单纯化的模式，在形态设计中可称为同一性原理。

2. 接近模式和连续性

被经常在一起体验到的感觉材料由于互相接近，而产生为单一的效果，那么它们就易于同时被再次体验到。多次见到 A 后面是 B，这样两者的接近，就使得它们之间的关系单一了，从世界的其余部分中分离了出来，被看成是一个整体。这种心理过程便是接近模式。对于形态的感知，道理也相同，可以称为连续性原理。连续性指形态局部的变化与整体之间的内在关系，连续循序的变化使形态的每个局部都变得不可或缺，各部分与整体之间的联系因此而被强化，整体形态也被单纯化（图 4-1-13）。

图 4-1-13 斯坦福大学公园

3. 趋合模式和一体感

图形并不封闭，但人们会把它看成一个完整的图形，形态力促使视知觉在断裂处感觉到一种跳跃，而使形态趋合起来，这种趋合的心理过程可以填补空缺，产生整体的知觉，使形态完形。事实上我们经常是先看到、感觉到代表了整体的部分，或者只能一个个看到局部，对于整体的知觉是靠我们心理上的趋合反映而形成的。如果看到这些有代表性的部分就可以想象整体形态，那么整体形态必然是单纯化的。我们把这种道理称为一体感原理。传统构图原理有一种手段叫对位，认为把各部分的位置对应起来，整体效果就好。这是因为部分的位置代表了整体形态，增加了联系，使整体形态趋于单纯化。

（二）冲突和复杂性

形态设计不是一如牧歌似的朴实理性，形态设计工作不会仅仅是停留在认知形态符号这一层面上。随着社会的发展，人们不断追求冲突，追求戏剧性效应，追求更进一步

图 4-1-14 贝聿铭将玻璃几何体和古代金字塔的含义叠加在法国卢浮宫上，造成冲突和复杂性

的复杂深邃的情感因素，从而表现出各个历史时期中理性与情感之间的冲突和撞击，有的时候有的作品理性占主导因素，而有的时候有的作品情感占主导因素……应该说，设计形态是有丰富的表现力的。一个好的设计，或者说组织好一个形态，就是要在冲突和完形、复杂性和单纯化之间建立起必要的张力(图 4-1-14)。

三、空间形态

(一) 空间的形成

1. 积极形态和消极形态

老子在《道德经》中说："埏埴以为器，当其无，有器之用。凿户牖以为室，当其无，有室之用。故有之以为利，无之以为用。"和泥做罐子，开凿门窗盖房子，利用了实际材料，目的却是内部能容受的空虚。操作中起积极作用的是可知觉、直观化的实际材料，而依附这些实体材料存在的空间，却是消极被动的。从形态设计中操作手段和过程的角度来讲，实体形态是积极形态，依附于积极形态而存在的空间是消极形态。然而，如果从使用角度来讲，操作的重心就转向空间，在设计中空间便转为积极形态，而实体形态则下降为消极形态。也许做罐子只需要有足够的容量，任何形态都行，而作为供人所活动的空间，其形态、大小、情态、氛围，都起到了积极作用，需要认真对待(图 4-1-15)。

2. 空间的限定

空间本身是无限的，是无形态的，由于有了实体的限定，才得以量度大小，进行构成，

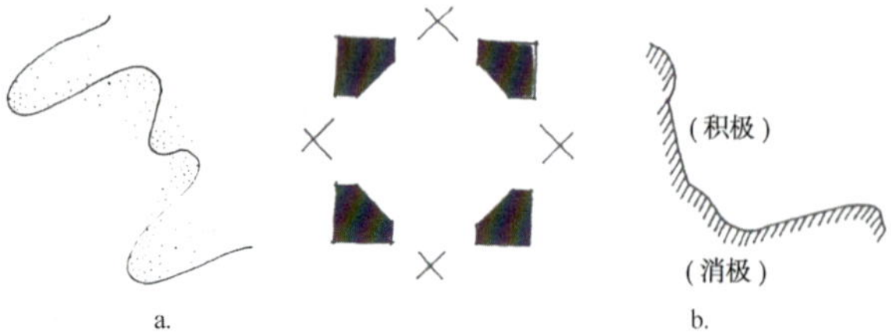

a. 实体形态限定的空间

b. 椅背曲线实体部分是消极的，虚空部分是积极的

图 4-1-15　积极形态与消极形态

图 4-1-16　围

使其形态化。限定一个空间无非从两个方向来着手，一是垂直方向，二是水平方向。

(1) 垂直方向的限定。垂直方向构件限定空间的方法有"围"和"设立"。

围：围是空间限定最典型的形式(图 4-1-16)。围使空间产生内外之分，一般来讲，内部空间是功能性的，用来满足使用需求。同样是围，包围状态不同，空间的情态特征相异。全包围状态限定度最强，比较封闭，从而具有强烈的包容感和居中感，人居于全包围状态的空间中感到安全，空间情态和私密性强。当包围状态开较大的口时，开口处形成一个虚面，在虚面处产生内外空间的交流和共融的趋势，这种形态力的冲突造成向内部空间强烈的吸引。

设立：物体设置在空间中，指明空间中某一场所，从而限定其周围的局部空间，空间限定的这种形式称为设立。设立是空间限定最简单的形式，仅是视觉心理上的限定，不可能划分出某一部分具体肯定的空间，提供明确的形状和度量，而是靠实体形态的力、能、势，获得对空间的占有，对周围空间产生一种聚合力(图 4-1-17)。与其他空间限定形式相比较，在设立的操作中实体形态有很强的积极性，它们的形状、大小、色彩、肌理以及结构联结关系所显示的重量感、充实感和运动感，都能影响设立所限定空间的范围。因为聚合力是设立的主要特征，因此设立往

图 4-1-17 设立

往是一种中心限定，比如草原上一个蒙古包、广场上一个纪念碑能招集人们向中心集中，在交通繁忙的大厅中，柱子周围也往往是人们聚集停留的场所。

（2）水平方向的限定。水平方向的构件限定空间的方法有“覆盖”、“肌理变化”、“凹”、“凸”和“架起”。

覆盖：覆盖是具体而实用的限定形式，上方支起一个顶盖使下部空间性质发生明显的变化。利用覆盖的形式限定空间并不一定是为了具体的使用功能，大树能使坐于其下的人们得到心理上的安定，这只是一种抽象的心理上的限定（图 4-1-18）。

肌理变化：底面不同色彩肌理的材料变化，绝不仅仅是装饰和美化，也是形态操作中限定空间的素材。但是利用肌理变化来限定空间，是靠人的理性来完成的，空间的具体限定度极弱，这种限定几乎没有实用的界定功能，仅能起到抽象限定的提示作用（图 4-1-19）。

凸：将部分底面凸出于周围空间是一种具体的限定，凸起是常用的限定空间的方法，限定范围明确肯定（图 4-1-20）。

图 4-1-18 覆盖

图 4-1-19 肌理变化

图 4-1-20 凸

凹：凹进与凸起形式相反，性质和作用相似，但被限定的空间情态特征却有不同，凸起的空间明朗活跃，凹进的空间含蓄安定(图 4-1-21)。

架起：架起同样是把被限定的空间凸起于周围空间，所不同的是在架起空间的下部包含有从属的副空间，相对于下部的副空间，被架起的空间限定范围明确肯定(图 4-1-22)。

（二）空间形态的操作

与实体形态相同，联结部位也是空间形态操作的重点。

1. 空间的限定度——流通关系

空间与空间联结部位的界面处的封闭程度称为空间的限定度。空间与空间的联结往往由开洞来解决，开洞的部位（不管这个洞有多大）形成一个虚面，当虚面与实面之间的夹角越大时，限定度越强，流通感减小；相反，夹角越小，流通感增大，限定度越弱。因此，空间的限定度亦即相邻空间之间的流通关系，空间设计主要就是在限定度和流通感上做文章(图 4-1-23)。

图 4-1-21　凹

图 4-1-22　架起

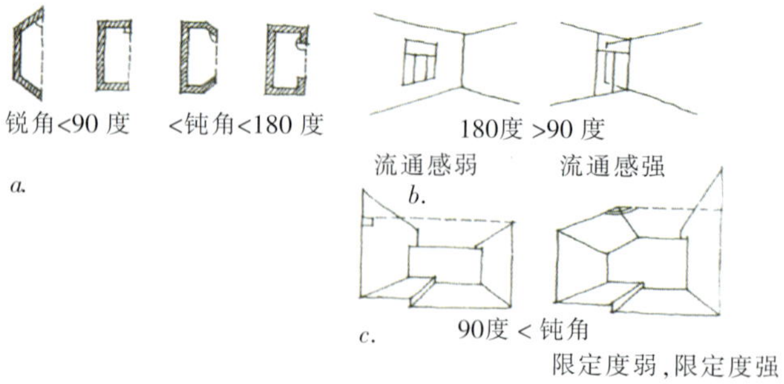

图 4-1-23　空间的限定度

2. 空间的叠合——共有关系

与实体形态相同，两个空间形态的叠合，可以产生各种不同形式的共有关系。我们可以参照实体形态叠合的形式来进行分析。形态的联合创造了共享的空间，这种共有关系单纯明确；形态的复叠造成空间的前后关系，产生这种前后次序的前提是前一个空间压在后一个空间上造成侵占的趋势，入口往往处理成“八字开”的形态便可以理解为广场空间对内部空间的侵占，从而造成方向和次序；两个形的差叠关系造成一个共有的又是独立的新形态，这个空间是由一个空间向另一个空间的过渡；形态的透叠关系不能形成一个独立的新形态，仅是增强了“你中有我，我中有你”的情态特征，因此是中性的、“灰色”的，“灰色”的空间含蓄而模棱两可，不强调本身的个性，但正是由于其存在，使原始的两者联结最为完美(图 4-1-24)。

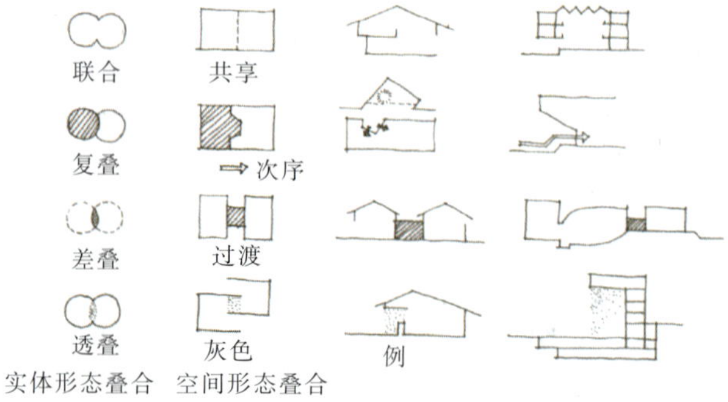

图 4-1-24　空间形态的叠合

3. 多次限定——层次关系

多次限定的空间，指空间从上一个层次的空间中被限定出来，经多次反复而形成的一组空间，这种形态操作造成空间之间的层次关系，为空间中的空间。多次限定体现了不同层次的功能关系之间的组合要求，是形态操作中使用率很高的一种方式。根据实际需要，每一个层次的限定可以明确肯定，也允许模糊不清，但是不管如何限定，最后一次限定的空间（空间中的空间）往往会是被强调的、主要的空间，而其余层次则是从属的空间。因此这种层次关系也往往成为主从关系。

（三）空间的组织

对多个空间单元进行组织编排，取决于单元各自体现的不同使用功能以及不同功能发生的先后次序和主从关系。归纳起来，这些关系可以分为并列、序列和主从等形式。

1. 并列

各单元功能相同或者功能虽不同却无主次关系，则形成并列空间。这类空间的形态基本上是近似的，互相之间也不易寻求次序关系。

2. 序列

各单元功能的先后次序关系明确，则形成序列空间。这类空间，比如纪念性的、展览性的、观赏游览性的，由于必须使人们依次通过各部分空间，空间的组合形态必然形成序列。根据人在空间中的活动过程和时间的先后顺序，可有目的地把各个空间组织为开始—发展—高潮—结尾的顺序，使空间的序列产生强烈的音乐似的流动感。

3. 主从

各单元功能的重要性不同，则形成主从空间。在一组空间中，尺度为主的空间是主空间；位置居中的空间是主空间；多次限定得到的空间是主空间；序列中高潮所在的空间是主空间。

第二节 ⦿ 组景理论

所谓组景，即组合、布局的意思。我国画论叫“经营位置”，造园则称之为“造园章法”，它们都含有“构图”的原意。景观设计的构图不但要考虑平面，更要考虑空间、时间等因素。所以景观设计构图是组合景观物质要素，将景观材料与空间、时间组合起来，使形式美与内容美取得高度统一的手法和规律。

一、景的观赏

景可供游览观赏，但不同的游览方式会产生不同的观赏效果。掌握好游览观赏的规律，反过来又可指导景观设计。

（一）动态观赏与静态观赏

景的观赏有动静之分，即动态观赏与静态观赏。动就是游，静就是息。游而无息使人精疲力尽，息而不游又失去游览的意义。因此，景观设计应从动、静两方面的要求来考虑。

静态观赏，如同看一幅风景画。构图中，主景、配景、前景、背景、空间组织和构图的平衡轻重固定不变。所以静态构图的景观的观赏点也正是摄影家和画家乐于拍照和写生的位置。静态观赏除主要方向的主要景色外，还要考虑其他方向的景色布置，并且多在亭廊台榭中进行。

在动的游览路线上，应有系统地布置多种景观，在重点地区，人们必须停留下来，对四周景物进行细致的观赏品评。动态观赏，如同看风景电影，成为一种动态的连续构图。一般多为进行中的观赏，可采用步行或乘车乘船的方式进行。

同是动态观赏，景观效果也不完全相同。动态观赏往往因游览者前进的速度不同，对景色的感受各异。速度较快的乘车观赏，多注意前方景物，景物与人的距离较远，景物向后移的速度较快，选择性少，多注意景物的体量轮廓和天际线，沿途重点景物应有适当视距，并注意景物不零乱、不单调，连续而有节奏，丰富而有整体感。乘船游览，虽属动态，如水面较大，视野宽阔，景物深远，视线的选择也较自由，与置身车中的展望就不一样了。缓步慢行，景物向后移动的速度较慢，景物与人的距离较近，可随人意既可注视前方，又能左顾右盼，视线的选择更自由。步行游览应是游览的主要方式。

一般对景物的观赏是先远后近，先群体后个体，先整体后细部，先特殊后普通，先动景如舟、车、人物，后静景如桥、梁、树木。因此，景观设计应注意动静的要求，各种方式的游览要求能给人以完美的艺术形象和境界。

（二）观赏视距与视角

无论动态、静态的观赏，游人所在位置称为观赏点或视点。观赏点与被观赏景物间的距离，称为观赏视距。观赏视距适当与否与观赏的艺术效果关系很大。

人的视力各有不同，正常人的视力，明视距离约为25厘米，4公里以外的景物就不易看清。在大于500米时，对景物可有模糊的形象。如果要看清景物的轮廓，如雕像的造型及识别花木的类别，则距离更要缩短到250~270米。在视域方面，垂直方向约为130°，水平方向约为160°。最适视距，如主景为雕像、建筑、树丛、艳丽的花木等，最好能在垂直视角30°、水平视角45°的范围内。但良好的视域、视距还要根据不同的环境条件而异。有的宜远观，有的宜近赏，应按不同的情况作不同的处理。

景物视距，常因具体情况而有不同的处理，是在较短视距内观赏细部的艺术。有时在较短视距内，观察景物能获得高大的形象。如山峦峰石的布置堆叠，就要造成一个局促环境来观赏，方有高插云端的感觉。有些景观也不全要求看清“庐山面目”，在朦胧的月色中来欣赏同样的风光，比起白天来，又有另一番景象。

人们在观赏过程中，因所在位置的不同，或高或低而有平视、俯视、仰视之分。在平坦地区，江河之滨，向前观赏，景物深远，多为平视；在低处仰望高山高楼，则为仰视；登上高山高楼，居高临下，景色全收，则为俯视。平视、仰视、俯视的观赏，对游人的感受是各不相同的。

1. 平视观赏

平视是中视线与地平线平行而伸向前方，观者头部不必上仰下俯，可以舒展地平望出去，使人有平静、深远、安宁的感觉，不易疲劳。平视风景由于与地面垂直的线组在透视上无消失感，故景物的高度效果较少。但不与地面垂直的线组，均有消失感，因而景物的远近深度，表现出较大的差异，有较强的感染力。平视景观的布置宜选在视线可以延伸到较远的地方，有安静的环境（图4-2-1）。

图4-2-1　平视

2. 仰视观赏

仰视是观者中视线上仰，不与地平线平行。因此，与地面垂直的线有向上消失感，故景物的高度方面的感染力较强，易形成雄伟严肃的气氛。在设计中，有时为了强调主景的崇高伟大，常把视距安排在主景高度的一倍以内，不让其有后退的余地，运用错觉使人感到景象高大。古典园林中堆叠假山，采用仰视手法，将视点安排在较近距离内，使山峰有高入蓝天白云之感。但仰视景观，对人的压抑感较强，使观者情绪比较紧张（图4-2-2）。

图 4-2-2　张家界风光仰视观赏

3. 俯视观赏

观者所在位置视点较高，景物多展开在视点下方。因此，观者必须低头俯视，垂直地面的线组产生向下消失感，故景物愈低就显得愈小（图 4-2-3）。

图 4-2-3　张家界风光俯视观赏

二、造景手法

人工造景要根据用地性质、规模因地制宜、因时制宜。常用的艺术手法有：主景与配景，前景、中景与背景，借景，对景与分景，框景、夹景、漏景与添景，点景，等等。

（一）主景与配景

景无论大小均宜有主景与配景之分，主景是重点，是核心，是构图中心，能体现主题；配景起着陪衬主景的作用，二者相得益彰又形成一个艺术整体。处理好主景与配景的关系，就取得了提纲挈领的效果。

（二）前景、中景与背景

景色就距离远近、空间层次而言，有前景、中景、背景之分。一般来说，前景、背景都是为突出中景而服务的。景色若没有层次，则景色就会显得单调而无深远感。

（三）借景

在视力所及的范围中，有好的景色，宜组织到观赏视线中来，作为借景。借景能扩大景观空间，增加变幻，丰富景色，而且不费一文（图 4-2-4）。借景因距离、视角、时间、地点等不同而有所不同。如可以远借、邻借、仰借、俯借、因时而借和因地而借。

图 4-2-4　借景

（四）对景与分景

对景与分景是组织空间的常见手法。

凡位于轴线及视线端点的景为对景。对景多用于局部空间的焦点部位，多在入口对面、通道端头、广场焦点、道路转折点、湖池对面、草坪一隅等地设置。一般多用雕塑、山石、水景、花坛等景物作为对景。处理可对称严整，可自由活泼。对景又有正对、互对之分。正对是在道路、广场的中轴线端部布置景点，或以轴线作为对称轴，在规则式布局中使用更多；互对是在轴线或视线的两端设景，两景相对，互为对景。

造景宜含蓄有致，忌一览无余。分景能获得园中有园、景中有景的境界，使景观能分而不离，虚虚实实，景色丰富，空间多变。分景因功能作用和艺术效果的不同，可分为障景和隔景。凡是能抑制视线、引导空间转变方向的屏障景物均为障景；凡是将景观分隔为不同空间、不同景区的景物称为隔景。

（五）框景、夹景、漏景与添景

框景：利用门框、窗框、树干树枝所形成的框以及山洞的洞口等，有选择地摄取另一空间的景色，恰似一副嵌于镜框中的图画。

夹景：为了突出优美景色，常将视线两侧较贫乏的景观，利用树丛、树列、山石、建筑等加以隐蔽，形成了较封闭的狭长空间，突出空间端部的景物。

漏景：漏景由框景发展而来。框景是景色清楚，漏景则是景色若隐若现，比较含蓄而有"犹抱琵琶半遮面"的感觉。漏景不仅从漏窗取景，还可通过花墙、漏屏风、漏隔扇等取景，也可通过树干、梳林、飘拂的柳丝取景。从树干中取漏景，宜在树干的背荫处，树干的排列宜平行有序，以免杂乱。从花木中取漏景，花木不宜华丽，以免影响主景的景观效果。

添景：有时为求主景或对景有丰富的层次感，在缺乏前景的情况下可作添景处理。添景可以建筑小品、树木绿化等来形成。体型高大优美的树木，无论一株或几株往往都能起到良好的添景作用。

（六）点景

抓住景观的特点及空间环境的景象，再结合文化艺术的要求，进行高度概括，点出景色的精华，点出景色的境界，使游人有更深的感受，谓之点景。点景的手法很多，如景色的命名、题咏等均是。其中以园林题咏的方式为最多。

三、造景风格

（一）时代风格

不同的时代，如农业时代、工业时代、后工业时代，因不同的要求，就有不同的特点和风格。但不管时代风格如何变化，文脉都是延续的(图 4-2-5)。

（二）地方风格

各个地区因自然条件、地理位置、生活习惯、造园材料等不同，必然产生各地区的地方特点和风格。我国北方地区，气候比较寒冷，水源较少，多风沙，植物以松柏类针叶树为多。而南方地区，气候比较温和，多雨水，水源较充足，植物较北方丰富，多常绿阔叶植物。北方的建筑，体型多浑厚庄重，南方建筑，体型多轻巧雅致。故人们常以"稳重雄伟"来形容北方园林，以"清秀典雅"来形容江南园林，以"畅朗轻盈"来形容岭南园林。

（三）民族传统

各个民族因有各自的传统和习惯爱好，其景观的特点和风格也随之有所反映。如新疆维吾尔族人习惯在地毯上进餐，就应考虑草坪设置，以替代地毯的作用；四川人喜爱饮茶谈天，就应多茶室、茶厅的设置；广东人多喜欢傍晚散步、乘凉，应考虑夜花园或晚上开园的需要，装置照明设备，多种植夜间散发芳香的植物。各个民族又因各自的历史、文化的发展，而形成各自的特点和风格。

关于风格也可以以大风格、小风格来分。大风格是风格的普遍性和共同性，能反映时代精神、社会意识、民族传统、科学文化技术水平的大范围的景观特征，如某一国家的风格。小风格是风格的局部性和特殊性，能反映自然条件、地理位置、地方材料、地方生活习惯、地方传统技法等局部地区的风格。我国有北方园林、江南园林、岭南园林的不同风格。如果在江南园林中再分，则又有杭州园林、苏州园林、无锡园林、扬州园林、镇江园林之分，其间也有差异性。但无论时代风格、地方风格、民族风格，或大风格、小风格，都是景观设计的艺术形象问题。不同风格的存在是客观的，但都必须服从功能等要求。

在风格处理上，既要避免千篇一律，又要避免杂乱无章。古为今用，外为我用，学习古人，借鉴国外，不宜只重形式，更要从创作的思想、方法、精神实质上去学习吸收。

四、规划结构

景观规划有一定的组织结构可以探索。确

图 4-2-5　贝聿铭设计的苏州博物馆

图 4-2-6　规则式布局

定组织结构是规划设计首先要解决的问题。

（一）景点与景区

凡有欣赏价值的观赏点叫景点。景点是景观设计的基本单位。一般均由若干个景点组成一个景区，再由若干个景区组成一个整体。这是我国传统的“园中有园，景中有景”的手法。如圆明园有 40 景。承德避暑山庄先有 36 景，后增为 72 景，整个山庄可分为宫殿区和苑景区，而苑景区又可分为山区、湖区和园林庭院区。各个景区各有不同的特定环境，不同的风景特色，不同的主题。

（二）风景视线与导游线

风景视线：观赏点与景点间的视线，可称为风景视线。有了好的景点，必须选择好观赏点的位置和视距。风景视线的布置原则，主要在“隐”、“显”二字上下工夫。一般是小园宜隐，大园宜显，小景宜隐，大景宜显，在实际工作中，往往隐显并用。

（1）开门见山的风景视线：这是采用“显”的手法，可用对称或均衡的中轴线引导视线前进。中心内容、主要景点始终呈现在前进的方向上。利用人们对轴线的认识和感觉，使观者始终知道主轴的尽端是主要的景观所在。在轴线两侧，适当布置一些次要景色，然后一步一步地接近。如南京中山陵园、北京天坛公园的布置，基本上是这种形式。

（2）半隐半现、忽隐忽现的风景视线：在山区、丘陵地带，在旧有古刹丛林中，采用这种导隐手法较多。

（3）深藏不露、探索前进的风景视线：将景点、景区深藏在山峦丛林之中，由甲风景视线导至乙风景视线，再导至丙风景视线等。其间景点或串或并，根据具体情况决定。风景视线可从景点的正面迎上去，或从侧面迎上去，甚至从景点后部较小的空间内导入，然后再回头观赏，造成峰回路转、柳暗花明、深谷藏幽、豁然开朗的境界。

导游线：导游线亦称游览欣赏线。它与

交通路线不完全相同，导游线自然要解决交通问题，但主要在于组织好风景视线，使观者能充分观赏各个景点和景区。在展开风景的过程中，通常可分为起景、高潮、结景三段式处理。其中又以高潮为主景而设。也可将高潮和结景合为一体，成为两段式的处理。如将三段式、两段式展开，则有下列的处理方式。

三段式：序景—起景—发展—转折—高潮—转折—收缩—结景—尾景。

二段式：序景—起景—转折—高潮（结景）—尾景。

导游路线一般宜曲不宜直，曲的路线比直的路线更富于感染力。在较大的园林绿地中，为了减少观者步履劳累，宜向外围靠，拉长线路。在较小的园林绿地中，一条导游线路即可解决问题。

（三）规划布局

1. 规则式

规则式也称整形式、几何式。整个平面布局、立体造型以及建筑、广场、道路、水面、花草树木等都要求严整对称（图 4-2-6）。

2. 自然式

自然式又称风景式。以模仿自然为主，不要求对称严整。我国园林自周秦始，无论帝王苑囿或私家园林，都以自然山水为风尚（图 4-2-7）。

3. 混合式

实际上绝对的规则式或绝对的自然式是少见的，不过或以规则为主或以自然为主而已。混合式布置采用较多。

五、景观设计造型规律

（一）比例与尺度

比例与尺度是景观设计构图的基本概念。它直接影响景观的布局与造景。景观中的植物、建筑、道路、场地、山石、水体等组成要素之间，要有一定的比例与尺度关系。

景观构图中的比例是指景观要素之间的空间、体形、体量的关系。景观构图中的尺度是指景物与人的身高及使用活动空间的度量关系。因为人们习惯用自身的身高和活动所需的空间作为视觉的度量依据。一般踏步、栏杆、围墙、座椅等，其尺度就比较固定，因

图 4-2-7　自然式布局（避暑山庄烟雨楼）

为它们与人的身高、活动状态紧密联系。道路、广场、草坪等则应根据功能及规划布局的景观要求来确定尺度。景观构图除了要考虑组成要素，如建筑、山水等本身的比例尺度外，还要考虑它们互相间的比例尺度，使安排得宜、大小合适、主从分明。

如果人工造景的尺度超过人们习惯的尺度，就会使人感到雄伟壮观；如果尺度正常，则自然亲切；如果尺度稍小，则轻巧多趣。

（二）对比与调和

对比是艺术处理中的一个重要手法。在景观设计中采用对比处理，可以使景色生动活泼，突出主题。对比手法很多，有形象的对比、体量的对比、方向的对比、开合的对比、明暗的对比、虚实的对比、色彩的对比、材料质感的对比等。

1. 形象的对比

从长度、高低、大小等方面进行对比，以短衬长，长者更长；以小衬大，大者更大，能造成人们视觉上的幻变。另外，建筑是人工形象，植物则基本上是自然形象，将两者配置在一起，可造成形象不同的对比。

2. 体量的对比

体量相同的物体，放在不同的环境内，给人的感觉就会不同。如一盆景放在空旷的广场中，会感其小，如放在小室中，又感其大。这是大中见小、小中见大的道理。在景观设计中，常用小中见大的手法，在较小的面积用地内，能创造出自然山水的胜景，就要采用体量的对比来处理。

3. 方向的对比

在个体建筑的立面造型的处理上，有横向处理、纵向处理，或纵横交错的处理。在植物种植上，亦常采用挺拔高直的乔木形成竖向线条，低矮丛生的灌木绿篱形成水平线条，两者组合形成对比。

4. 开合的对比

在空间的处理上，开敞空间与闭合空间也可形成对比。在景观设计中利用空间的收放开合，可形成敞景与聚景。视线忽远忽近，空间忽放忽收，自收敛空间窥视开敞空间，增加空间的对比感、层次感，创造“庭园深深深几许”的境界。

5. 明暗的对比

由于光线的强弱，造成景物的明暗。景物的明暗对人有不同的感受，在景区的印象上，明给人以开朗活跃的感觉；暗给人以幽静柔和的感觉。在景观场地中，明朗的广场空地，供人活动，幽暗的疏密林带，供人散步休息。或在开朗的景区前，布置一段幽暗的通道，以突出开朗的景区。一般来说，明暗对比强的景物令人有轻快振奋的感受，明暗对比弱的景物令人有柔和静穆的感受。

6. 虚实的对比

虚给人轻松，实给人厚重。水面中间有一小岛，水体是虚，小岛是实，因而形成了虚实的对比，产生艺术效果。在空间处理上，开敞是虚，闭合是实。虚实交替，视线可通可阻。由虚向实或由实向虚，遮掩变幻，增加观赏效果。

7. 色彩的对比

利用色彩的对比关系，能引人注目。作为一个景区的主景，可考虑以环境色彩的对比关系来加以突出。所谓“万绿丛中一点红”，这“一点红”就是被突击的主景。

8. 材料质感的对比

在景观环境中，可利用植物、建筑、道路场地、山石水体等不同材料的质感，组成对比。同是植物之间，也因树种不同，有粗糙与光洁、厚实与透明等不同。建筑上仅以墙面而论，也由于砖墙、石墙、大理石墙面以及加工打磨情况等不同，而使材料质感上有差异。利用材料质感的对比，可造成浑厚、轻巧、庄严、活泼，或以人工胜或以自然胜的不同艺术效果。

（三）对称与均衡

1. 对称

对称的布置由中轴线可循，常给人以庄重、严谨的感觉。在规则式景观布局中采用较多。对称的布置，景物容易板滞。或没有对称条件而硬凑成对称，往往会妨碍功能要求及增加投资。故应避免单纯追求所谓宏伟气氛的不合实际的图案式的对称处理。

2. 均衡

均衡是在不对称的布置中求得平衡的处理。均衡的处理，基本上以导游线前进方向，以观者所见景观的画面构图来考虑平衡。均衡的对立面是不均衡，不均衡就是有动势的感觉。因此应在动势中求均衡，但均衡中又蕴藏着动势。

（四）对位与呼应

在景观平面的布置中，常常会出现对位关系。如道路、桥梁、广场的对位关系；建筑的出入口与广场、道路的对位关系；建筑组群之间的对位关系；绿化种植之间的对位关系等。对位得宜，将使整个规划布置统一协调，否则容易出现纷繁杂乱的局面。

轴线对称的布置，容易体现较强的对位关系，但易板滞。自由布置，则往往要求更高的手法，来取得其间的对位关系。在构图时可根据对位关系线来确定对位关系，这些关系线虽然在实际环境中并不存在，却可作构图的参考，使构图有规律可循，从而产生良好的布局关系。这些构图对位关系线，可以是轴线，是圆形、方形、矩形、三角形、多角形，也可以是有规则的曲线。

在某些情况下，也可采用呼应的关系进行引导对位，以求得完整协调。呼应的手法较多，如布局上的呼应，造型风格上的呼应，种植上的呼应，色彩上的呼应等。

（五）韵律与节奏

自然界中许多现象，常是有规律地重复出现，有节奏地重复变化的。在景观设计中，也常有这种现象，如道旁植树，种一种树，还是两种树间种，都涉及构图中的韵律节奏问题。所谓韵律节奏即是某些组成因素作有规律的重复，再在重复中有组织地变化。重复是获得韵律的必要条件，但简单的重复则易感单调，故在韵律中又组织节奏上的变化。所以韵律节奏是造景艺术构图多样而统一的重要手法之一。

（六）比拟联想

景观设计不仅要有优美的景色，而且要有幽深的境界，应有意境的设想。能寓情于景，寓意于景，能把情与意通过景的布置而体现出来，使人能见景胜情，因情联想，把思维扩大到比园景更广阔、更久远的境界中去，创造幽深的诗情画意。

比拟联想的方法较多，有以下几种：

（1）以小见大、以少代多的比拟联想；

（2）运用植物的特征、姿态、色彩给人的不同感受，而产生比拟联想；

（3）运用景观建筑、雕塑造型，而产生的比拟联想；

（4）运用文物古迹而产生的比拟联想。

第三节 ◉ 环境心理学及其他相关学科

一、环境心理学简述

环境心理学是心理学的一部分，它把人类的行为（包括经验、行动）与其相应的环境（包括物质的、社会的和方法化的）之间的相互关系与相互作用结合起来加以研究，揭示各种环境条件下人的心理发展规律。

环境心理学研究表明，在行为个体对环境认知后，就会本能地对自己的领域进行维护，如果受到冲击和干扰，就会在心理上有反感的表示。心理学家萨姆(R.Sommer)提出了个人空间的概念，他认为，每个人身体周围都存在一个既不可见又不可分的空间范围，对这一范围的侵犯或干扰，将会引起被侵犯者的焦虑和不安。这个空间范围称为“神秘的气泡”，它随身体而移动，它不是人们的共享空间，而是个人在心理上需要占有的最小空间范围，又称身体缓冲区（图 4-3-1，图 4-3-2，图 4-3-3）。人类既需要私密性，也需要相互间的接触交往，过分地接触与完全没有接触都是不妥的。对于每个人来说，既要有能退避到私密性的小天地，又要有与别人接触交流的机会；景观设计中的一个基本要求就是创造适宜于不同群体或个人活动需要的户外活动场所，设计含有私密性、公共性、半私密性、半公共性的空间。景观设计中要特别注意空间的尺度对人心理的影响。人类学家霍尔(E.T.Hall)就将这种空间关系以美国人为模板加以量化，分为四种人际交流的距离：密切距离(0～0.45m)、个人距离(0.45～1.20m)、社交距离(1.20～3.60m)、公共距离(7～8m)。在相应的距离范围之内，人的心理也会有所不同。

由于人的眼睛长在前面，后背是最易受到攻击与难以防卫的方位，景观空间中有安全感、最受人欢迎的是L形的角落和凹入的小空间(图4-3-4)。

图4-3-1　侵犯他人的个人空间，会引起他人的焦躁不安(阿尔伯特，1990)

图4-3-2　与领域有关的行为(阿尔伯特，1990)

二、格式塔心理学在景观设计中的应用

格式塔心理学(Gestatt是个德文词，意为“形式”或“形状”)是西方现代心理学的主要流派之一，根据其原意也被称为完形心理学，完形即整体的意思。格式塔心理学的贡献偏重于知觉理论（perceptual theory）方面，力求说明设计中构图规律的生理及心理基础。人的大脑里生来就有一些法则，对图形的组合原则有一套心理规律，一切知觉对象都是一种力的结构，每一个形，都是紧张力的呈现，存在于某种特定的“力”场中，力的活动可以确定情感的表现。现实生活中，人

图4-3-3　人们可能对这种夹道欢迎“望而生畏”(阿尔伯特，1990)

图4-3-4　把角落安排得有利于进行交谈(阿尔伯特，1990)

总是试图在知觉范围内对感知对象加以组织和秩序化，从而增强对环境的理解和适应。

（一）图形与背景

在一定的场内，我们并不是对其中所有对象都能明显感知到，而是有选择地感知一定的对象。有些突显出来成为图形，有些退居衬托地位成为背景，俗称图底之分。丹麦学者鲁宾(E.Rubin)早就注意到这种现象，并绘制了著名的鲁宾两可图(图 4-3-5)。该图中若以黑色为背景，看到的是一个白色的花瓶；若以白色为背景，看到的是两个相对的人面。对先天失明者复明后的实验证明，图底之分是复明后视知觉最早具有的反应，因此这种反应是先天赋予的，后天经验对此只起到一定的强化作用。

图 4-3-5　鲁宾两可图

1. 图形与背景的关系

（1）图形清晰明确，对比较强；背景模糊不定，对比较弱。

（2）图形是被包围的较小对象，背景是包围着的较大对象。图形有轮廓，一般来说人们感知不到背景的轮廓。

（3）当图形与背景相互围合且形状类似时，图底关系可以互换。例如，面对一匹斑马时，可以说它是黑色的，身上有白色条纹；也可以说它是白色的，身上有黑色条纹；还可以说它既不是黑色的也不是白色的，是由黑色跟白色的条纹组成的。当图形与背景对称而且都是人们所熟悉的有意义的对象时，如鲁宾两可图中的花瓶与人面，图底关系也可以互换。

2. 图底关系在景观设计中的意义

分清图底关系是人凭直觉认识世界的最基本需要。真实环境有清晰程度不同的图底关系。有的清晰，有的模糊，有时该清晰的却很模糊，该模糊的反倒清晰，不一定符合使用要求，这就更需要经过设计加以调整；另一方面，感知对象图底不分或难分，容易成为暧昧或混乱的图形，视知觉就会忽略不顾，或因暧昧造成的闪烁而感到疲劳，此时若强制集中注意力（如强制观看混乱的展品），则更易加重视觉疲劳而感到厌烦。所以，在景观设计中强调图底之分，不仅符合视知觉需要，而且有助于突出景观和建筑的主题，让人在随意和轻松的情境中，第一眼就能发现所要观察的对象。环境中某一形态的要素，一旦被感知为图形，它就会取得对背景的支配地位，使整个形态构图形成对比、主次和等级等；反之，缺乏图底之分的景观环境，易造成消极的视觉效果。

3. 易成图形的主要条件

（1）小面积比大面积易成图形。当小面积形态采用对比色时，尤其引人注目，如蓝天上的白云、湖泊中的岛屿、碧波白帆、青山黄瓦、万绿丛中一点红等。

（2）单纯的几何形态易成图形。如卢浮宫前的玻璃金字塔，在复杂的建筑环境中以其单纯的几何形态吸引着游人的注意，突显为图形。

（3）水平和垂直形态比斜向形态易成图形。

（4）对称形态易成图形。

（5）封闭形态比开放形态易成图形，大的如群山环抱的天池，小的如围墙上的漏窗、月洞门等。

（6）单个的凸出形态比凹入形态易成图形。凹凸连续的形态，图形与背景可以互换，此时，主体的经验及客体所包含的意义，常成为判断图底关系的依据。例如，图 4-3-6 中

图 4-3-6 建筑群的图底关系

所示的建筑群，总是被看成上凸而不是下凹的图形。

(7) 动的形态比静的形态更易成为图形，如广场上的喷泉、活动雕塑或飘动的彩旗等。

(8) 整体性强的形态易成图形，如景观中或山坡上具有共同特点并成组布置的建筑群。

(9) 奇异的或与众不同的形态易成为图形，如在中国传统风格的街道上出现一座天主教堂，或在以现代建筑为主的街道上出观一组仿古建筑。众所周知的悉尼歌剧院就是以其独特的建筑造型在海滨建筑群中显得极为醒目。

(二) 群化原则

格式塔心理学认为，当我们自然而然地观察时，知觉具有控制多个刺激物并使它们形成有机整体的倾向。这种使多个刺激物被感知为统一整体的控制规律，通常称为群化原则(图 4-3-7)。它具体表现为邻近、相似、连续、封闭四个方面。

1. 邻近原则

相互邻近的元素被感知为有内聚力的整体(图 4-3-7(b))。这一原则体现了格式塔学派同型论和场作用力的观点。远离平衡态的系统会发生自组织现象，发生这种现象的外因是场的作用，内因是元素间的协同作用。例如，图 4-3-7 (a)表示在一定范围内元素均匀分布的平衡态，面对这些均布的散点，人们一般没有兴趣去多看多想；(b)则出现了数量不等的元素相聚的非平衡态，聚合成群的元素易被感知为整体，犹如空中的星云、草原上的蒙古包群或田野上的村落等。但是，建筑物或环境要素之间也并非越近越好，相互之间的间距不仅要考虑采光、通风、日照、

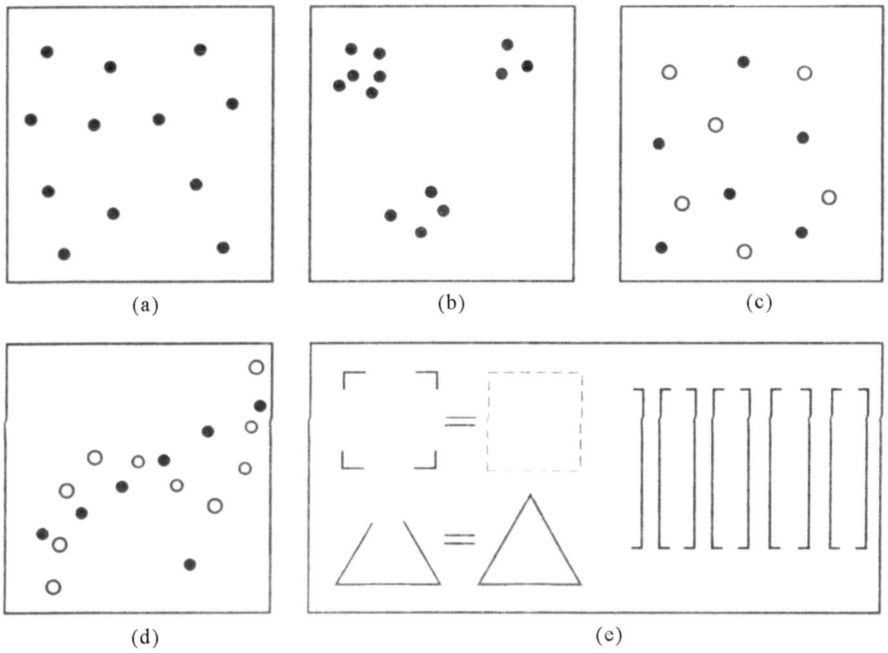

(a) 均布散点；(b) 临近原则；(c) 相似原则；(d) 连续原则；(e) 封闭原则

图 4-3-7 群化原则

防火等功能需要，也要考虑心理因素的影响。有机的整体系统总是疏密有致，恰如其分，才能形成一种富有生机的结合，这就是景观设计中讲究的“疏可跑马，密不容针”。

2. 相似原则

彼此相似的元素易被感知为整体（图 4-3-7(c)）。这是人认识世界时对刺激对象的分类和简化。物以类聚是人们根深蒂固的概念。无论是色彩、形状或质感方面，只要有相似情况出现，在一定范围内均会产生这样的视觉效果。如果其中一种元素稍加组织，则易被感知为图形，其他元素则会被弱化为背景。真实环境中常常是邻近性与相似性共同起作用。如城市雕塑，尽管高矮、胖瘦互不相同，但由于材料、质感、色彩、形状、基座铁脚及力感等相似性，以及在空间上的相互靠近，给人以强烈的整体感，组成了似在行走的“家族”。

3. 连续原则

按一定规则连续排列的同种元素，易被感知为一个整体（图 4-3-7(d)）。排列成直线的圆点，被看做是一条直线而不是连续的点的排列；排列成曲线的小圆，被看做是一条曲线。在真实环境中，连续原则被运用到星座命名、建筑构图、空间组合与导向、广告与美术图案等方面。连续性是感知对象有序的现象，从系统论观点来看，这样的一组元素不仅仅是远离平衡态，而且还从混沌走向有序，产生了组织和结构，更易被看做是一个有机的整体。

4. 封闭原则

一个接近完整但尚未完全闭合的图形，易被看做是一个完整的图形(图 4-3-7(e))。例如，仅仅看到对称布局的四个直角，就能感受到由这四个直角所包围的正方形；缺了一个角的三角形，仍被看成是三角形；把并排等距的一组垂直线段两两相对并加上横向短线，就会把有四条横线包围的每两条竖线看成一个整体。这些图形虽未闭合，或距闭合甚远，但因其辅助线的倾向，引导我们把它们视为整体。这类感知图形，有时被称为“主观轮廓”。达到这种闭合的效果一般需要以下两个条件。

（1）不完整的视觉对象在完整时呈简单形状。

（2）这一简单形状具有某种合乎逻辑的连续性。

在建筑环境中，人们通常把一个敞厅看做一个完整的空间场所，原因在于其完整的形态为简单矩形，并保持着其四角与周边的连续性。城市广场就属类似实例。相互有围合倾向的建筑，被围合的空间往往给人以较强的领域感。如果是住宅区，其中的居民就会因此而加强交往，使此住宅区减少陌生行人流量，这样的设计有利于建立居民的控制感、安全感和责任感。

（三）简化原则

感知对象的知觉组织所需要的信息量越少，该对象被感知到的可能性就越大。简单的几何形体容易被感知为图形就是这一道理。人们在对视觉刺激物进行组织时，也喜欢采取尽量减少或简化的方式，使之更加有序和易于理解。

1. 良好完形原则

视觉组织中，将对称、规则、简单形态的一组刺激物视为一个整体。例如，一个直角梯形加了一条对角线，仍被看做是一个完整的梯形；将 12 个小圆排成 1 个椭圆，外加 1 个同样的小圆，无论与其中的任何 1 个怎样靠近，它仍被隔离于这个整体的椭圆之外（图 4-3-8）。

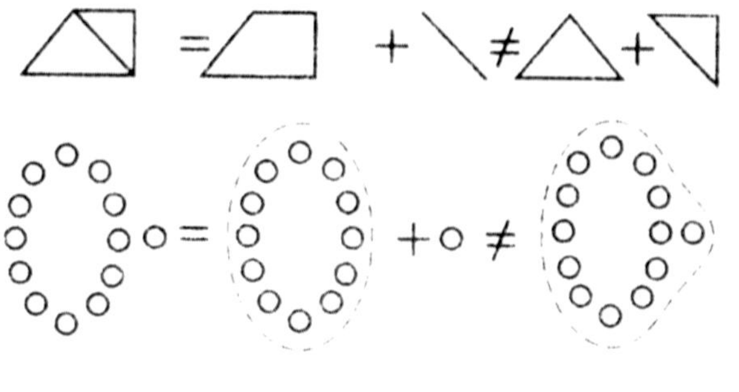

图 4-3-8

2. 简洁原则

简洁原则是对上一原则的深化，指知觉在组织空间位置相邻的视觉刺激物时，具有使对象尽可能简化的倾向(图 4-3-9)。

格式塔组织原则从理论上阐明了知觉整体性与形式的关系，为“统一中求变化，变化中求统一”这一传统信条找到了科学而翔实的依据。同时，由于这些原则出自图形实验，运用时易于掌握、操作和引申，对景观设计具有广泛的影响。但是，上述原则主要适用于二维几何图形和视点静止的三维景观，有时难以对真实环境中的视知觉作出满意的解释；另一方面，由于过分强调直觉，忽视后天经验和文化的影响，难以对个人和人群的知觉差异作出恰当的反映。

三、凯文·林奇的《城市的意象》

凯文·林奇(Kevin Lynch) 1960 年出版了《城市的意象》(The Image of City)一书，开始了人们认知和识别环境的探讨。

环境认知是人类视觉的一个分类过程，即借助于某些既成的经验对现实环境各组成元素进行命名、排比与分类，并将环境要素加以系统化与秩序化，从而赋予环境以意义。从心理学上讲，人们在评估与辨识环境并付诸行动之前，需要知道自身所处的方位，也需要知道接下来可能会发生的事件。为此，人们必须具有识别和理解环境，包括在环境中定向、定位和寻址的能力。人会在记忆中重现具体空间环境的形象（称为意象）——好比头脑中备有一张导航的地图。这种意象对个体来说，无论是在实践上还是在情感上都非常重要。因此，研究具体空间环境的意象，即认知地图(cognitive map)(图 4-3-10)，成为环境认知研究的核心。凯文·林奇在表述城市意象时运用了道路、边界、区域、节点和标志物五种基本要素(图 4-3-11)。

环境存在着差异和联系，观察者须按照自己的意愿、思维定势对所见事物进行选择、推理、组织并形成完整的意象。景观异质性对于人的视觉会产生冲击，如果每一处环境非常雷同，就很难形成这种效果。景观设计是要营造一种易于识别的环境。

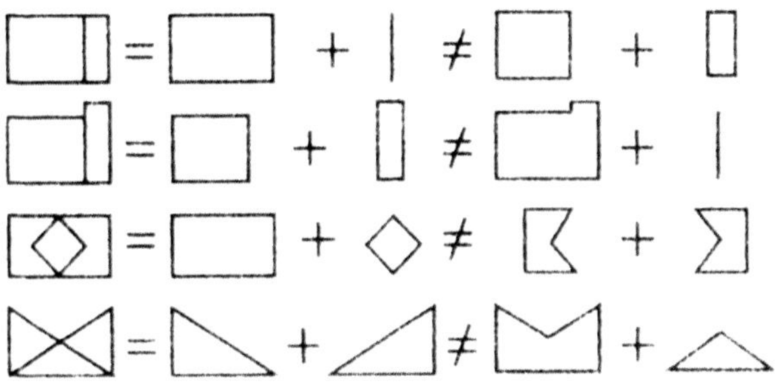

图 4-3-9

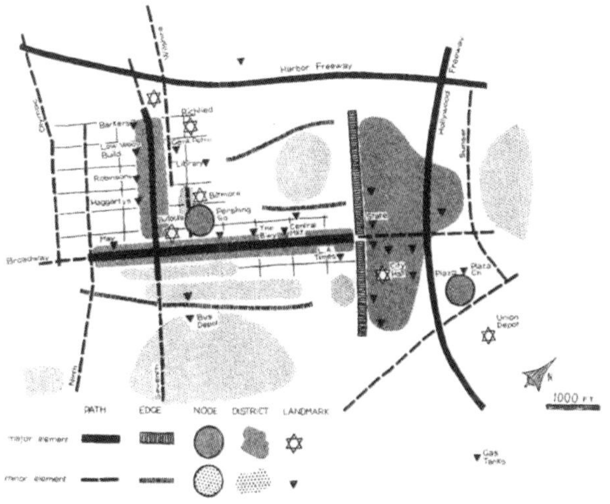

图 4-3-10 洛杉矶认知地图

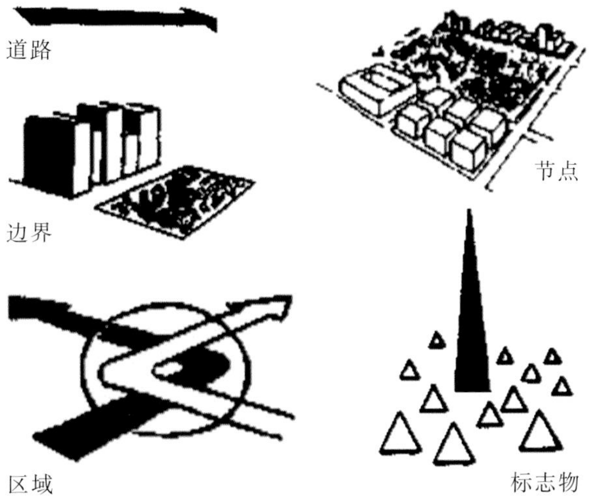

图 4-3-11 五种基本要素

第四节 ⦿
景观设计的生态原理

人类在迅速改变着地球表面的景观，从农村到城市、从山体到水域、从森林到荒漠、从湿地到农田、从赤道到极地。景观设计从建设理想的人居环境的高度，探讨基于这些不同尺度的人地关系的和谐发展规律，并力求寻找一种合理的出发点、合理的投入、合理的过程、合理的时间、合理的空间与理想的结果。生态学理论为这一过程提供了基本依据。

一、系统功能的整体性原理

系统论是景观设计的重要指导原理之一。著名生态学家马世骏提出过生态系统的基本原则就是“整体、协调、循环、再生”。其中，所谓的整体，实际就是针对生态的“系统”性而言的。系统论的创始人 L.V.贝塔朗菲对系统的定义是“相互联系的诸要素的综合体”。钱学森教授则认为系统的定义应当是“由相互作用的相互依赖的若干组成部分结合而成的具有特定功能的有机整体”。

景观设计必须构建相互联系的网络才能体现系统的整体功能。作为一个稳定高效的系统必然是一个和谐的整体，各组分之间必须具有适当的量的比例关系和明显的功能上的分工与协调，只有这样才能使系统顺利完成能量、物质、信息、价值的转换功能。景观设计的一个重要任务就是通过整体结构的协调实现人工生态系统的高效能。

二、生物多样性原理

生物多样性是当前一个得到世界关注的问题，是可持续发展的一个重要前提。景观设计为了保证系统的稳定和提高系统的效益，必须充分考虑人工生物群落的生物的多样性生存环境。

生物多样性包括三个层次的含意，即生物遗传基因的多样性、生物物种的多样性和生态系统的多样性。多样性维持了生态系统的健康和高效，因此是生态系统服务功能的基础。为生物多样性而设计，不但是人类自我生存所必需的，也是现代设计者应具备的职业道德和伦理规范。保护生物多样性的根本是保持和维护乡土生物与生境的多样性。景观设计应在四个层面上有所作为，即保持有效数量的乡土动植物种群；保护各种类型及多种演替阶段的生态系统；尊重各种生态过程及自然的干扰；利用城市庞大的建筑群形成的丰富多样的小气候，营建丰富多样的植物群落。

生物种群的分布特征，直接影响到一个生态系统的生物多样性功能。景观设计中需要根据目的合理地安排生物种群。自然生态系统的生物种群是野生自然种群，这些复合群体的群落组成是经过长期的种间斗争逐渐达到和谐与平衡的。而景观设计经常是要建造高效的人工复合生态系统，在种群选择上就要以人工合理调控代替种间种内竞争，从而减少耗损。

三、景观生态学原理

景观生态学是近年来发展起来的一个生态学分支，它以整个景观为研究对象，着重研究景观中自然资源的异质性。景观生态学认为景观是由相互作用的拼块或生态系统组成的，以相似的形式重复出现的，具有高度空间异质性的区域。福尔曼等将景观生态学的研究内容概括为景观结构、景观功能、景观动态三个方面。景观结构即景观组成单元的类型、多样性及其空间关系，如景观中不同生态系统的面积、形状和丰富度，它们的空间格局以及能量、物质和生物体的空间分布等；景观功能即景观结构与生态学过程的相互作用，或景观结构单元之间的相互作用，这些作用主要体现在能量、物质、生物有机体在景观镶嵌体中的运动过程；景观动态即景观在结构和功能方面随着时间的变化，包括景观结构单元的组成成分、多样性、形状和格局的空间变化，以及由此导致的能量、物质和生物在分布与运动方面的差异。

斑块(patch)、廊道(corridor)和基质(matrix)是景观生态学用来解释景观结构的基本模式,普遍适用于各类景观,包括荒漠、森林、农业、草原、郊区和城区景观。景观中任意一点或是落在某一斑块内,或是落在廊道内,或是在作为背景的基质内。这一模式为比较和判别景观结构,分析结构与功能的关系和改变景观提供了一种通俗、简明和可操作的语言。这种语言和景观规划师及决策者相结合,构成了现代宏观尺度的景观规划的理论基础(图 4-4-1)。

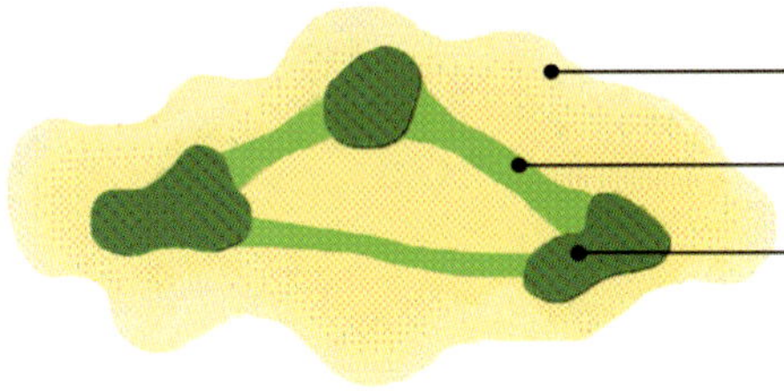

图 4-4-1　基质、廊道、斑块

(一) 斑块

斑块是指与周围环境在外貌或性质上不同,并具有一定内部均质性的空间单元。斑块的面积、形状与分布对生物多样性和各种生态学过程影响甚大。只有大型的自然植被斑块才有可能涵养水源,连接河流水系和维持林中物种的安全与健康,庇护大型动物并使之保持一定的种群数量,允许自然干扰的交替发生。大型斑块可以比小型斑块承载更多的物种,特别是一些特有物种可能只在大型斑块的核心区存在。

相对而言,小型斑块则不利于林内物种的生存,不利于物种多样性的保护,不能维持大型动物的延续。但小斑块可能成为某些物种逃避天敌的避难所,因为小斑块的资源有限,不足以吸引某些大型捕食动物,从而使某些小型物种幸免遇难。在城市绿地景观中的斑块,主要是指构成一定规模的块状绿地。在城区中以一定密度布置街头游园和街头绿地,一方面为城市居民出行提供游憩绿地,另一方面,当城市出现异常现象和城市灾难时,可以作为居民的避难场所,更重要的是这样改善了城市局域的生态环境,也为城区的各种其他生物提供了庇护。

(二) 廊道

廊道是指景观中与相邻两边环境不同的线形或带状结构。常见的廊道有农田间的防风林带、河流、道路、峡谷、输电线路等。人类活动使自然景观被分割得四分五裂,景观的功能流受阻。所以,加强孤立斑块之间及斑块与种源之间的联系,是现代景观设计的主要任务之一。生态学家和保护生物学家普遍承认廊道有利于物种的空间运动和本来是孤立的斑块内物种的生存和延续。

在城市,河流沿岸的生态绿带具有良好的生态廊道作用。在这一界面上,分布有大量绿色植物、微生物,有可能还有动物的出没,如果林带达到一定宽度,就能为建立良好的生态栖息地提供保障,因此河流岸线的生态化处理有利于生物的迁徙与生存。城区相对分离的公共绿地要以干道绿带联系起来,构成城市绿地系统的有机网络系统,为微生物乃至小型动物的迁移提供绿色通道。

(三) 基质

基质在景观设计中的应用意义重大。如在城市绿地系统中,单位附属绿地或专用绿地是绿地景观的基质。据统计,单位附属绿地或专用绿地占到整座城市绿地的60%左右。从目前来看,这部分绿地无论是其生态功能,还是其游憩功能、景观功能、文化功能等,远未充分发挥出来。景观设计的意义在于打破目前各单位专用绿地或附属绿地的界限,让其相互联系并形成一个整体,则基质所起的生态调节功能、生态防护功能、游憩功能、景观功能、文化功能要大得多。这需要从规划做起,溶解单位之间的绿地,统一进行规划。

廊道常常相互交叉形成网络,使廊道与斑块和基质相互作用,将相互孤立的廊道与斑块联系起来;网络要达到一定的指标,包括网络密度(network density,即单位面积的廊道数量)、网络连接度(network connectivity,即廊道之间的连接程度)以及网络闭合性(network circuitry,即网络中廊道形成闭合回路的程度)等。网络的功能与廊道相似,但网络与基质的作用更加广泛和紧密。在景观设计中,既有各种河流甚至山体组成的网络,又有许多纵横交错的道路绿带组成的网络,这些网络在结构上可能有相似之处,并都与基质密切联系,但功能却迥然不同。

四、生态位原理

不同生态因子都具有明显的变化梯度,不同梯度为不同种生物所占据、利用和适应的部分称为生物的生态位。生态位原理是生态学的一个重要理论。景观设计的目的就是使生物种群能够尽可能多地利用生态位("生态位的填充"),最有效地利用环境资源,把不同生物种群合理搭配,形成一个互为条件、互相防护的复合群体。

生物群落生态位表现为相互利用的本能,在其占据空间的边缘区,形成了空间、营养、孕育等一系列机会,为不同物种的繁衍与发展提供了可能和条件。景观设计过程实际上也就是研究如何利用生态位的过程,这一过程包括对现有生态位的利用、对潜在生态位的利用以及对非存在生态位的利用,即通过定向地改变生态位,使生态位适应目的生态元。开拓非存在生态位和定向改变生态位是人类依据生物群落演替规律对生物生境的良性干扰。生态环境可以成为决定生物能否生存的生态位,同时生物的存在又同样可以创造出不同的环境条件,包括土壤条件、生境小环境等,从而为其他生态元的存在创造条件。一定时间内不存在的生态位在一定时间阶段后,可能变成存在;而一定时期内存在的生态位可能变为不存在的生态位。

运用生态位原理进行景观设计,主要包含以下几个方面:① 在植物配置上,运用自然界植物生态位原理,对设计对象的植物之间的生态关系进行合理搭配,从而构成一个优势互补、相对稳定的植物群落;② 利用植物不同的生物学习性与生态学特性,在不同地段上布置不同的植物群落,以达到对空气污染、水体污染的最大衰减作用;③ 在进行景观设计时要合理有效地利用资源,如工业废弃地有可能成为景观中的亮点;④ 对于拥有良好的生产生态位的城市,改善其生活生态位则是景观设计的重点;⑤ 生活生态位的改善是促进生产生态位改善的推动力。

五、恢复生态学原理

恢复生态学(restoration ecology)是研究生态系统退化的原因,退化生态系统恢复与重建的技术和方法及其生态学过程和机制的学科。恢复生态学的研究对象是那些在自然灾变和人类活动压力下受到破坏的自然生态系统。

生态恢复包含改建(rehabilitation)、重建(reconstruction)、改造(reclamation)、再植(revegetation)等含义。由于生态演替的作用,生态系统可以从退化或受害状态中得到恢复,使生态系统的结构和功能得以逐步协调。在人类的参与下,一些生态系统不仅可以加速恢复,而且还可得以改建和重建。目前,生态恢复一般泛指改良和重建退化的自然生态系统,使其重新有益于利用并恢复其生物学潜力。生态恢复并不意味着在所有场合下恢复原有的生态系统,这未必都有必要,也未必都有可能。生态恢复的标准主要体现在:生态系统组成的多样性(生物和非生物组成)、生态结构和生态服务功能在不同时空尺度上的耦合。其中,生态服务功能的提高与生态系统健康运行的维持是生态恢复的基本标准。

六、节约资源的原理

地球上的自然资源分为可再生资源(如水、森林、动物等)和不可再生资源(如石油、煤等)。要实现人类生存环境的可持续发展,必须对不可再生资源加以保护和节约使用。即使是可再生资源,其再生能力也是有限的,对它们的使用需要采用"保本取息"的方式,而不是"杀鸡取卵"的方式。

景观设计节约资源以"4R"为原则,"4R"

即 “Reduce”、“Reuse”、“Recycle” 和“Renewable”。“Reduce”指减少对各种资源尤其是不可再生资源的使用，谨慎使用可再生资源；“Reuse” 指在符合工程要求的情况下对基地原有的景观构件进行再利用；“Recycle”指建立回收系统，循环利用回收材料和资源；“Renewable” 指利用可回收材料与保留下来的资源，创造新的景观，服务于新功能（图 4-4-2）。

图 4-4-2　利用回收集装箱设计休闲用建筑

第五节 ◉ 历史文化环境的保护与更新设计

历史文化环境是保存有一定数量和规模的历史遗存，具有比较典型和相对完整的历史风貌，融合了一定的城市功能和生活内容的城市地段。历史文化环境保护与更新设计就是希望通过保留既定的历史环境，让人们更好地认识和理解它们所反映的那个时代的社会生活状态与文化特征，使具有很高历史文化价值的历史空间能够接纳某些现代和未来的城市功能，将景观特色、传统文脉与文化内涵延续到新的城市社会经济基础之上，从而使其获得新的发展动力。历史文化环境保护与更新设计可分为显性环境和隐性环境两个方面。显性环境是看得见的物质实体环境，是传统文化的载体及表现形式；而隐藏在显性环境背后，看不见摸不着的环境称为隐性环境，它是显性环境的深层内涵。

一、显性环境的保护与更新设计

显性环境保护与更新设计的关键是要处理好物质实体环境形式上新与旧的辩证关系。如何在新与旧之间权衡，是设计师面临的一道难题。保护与更新设计不是简单地仿古复古、修旧如旧，而是保存其真，在强调保护的同时也认真考虑它的可持续发展（图 4-5-1，图 4-5-2）。

城市是有生命的，社会趣味在不断地发生着变化，人们既需要历史的情怀，也需要生活的提高，历史文化环境部分建筑功能的重置不可避免，让它在现代社会中恢复生机，难点在利用，活力也在利用。“旧瓶装新酒”是很好的办法，年迈的历史建筑有望焕发新的青春活力。不过，具有古朴魅力的旧“瓶”也不是什么样的新“酒”都能装的，重置功能所确定的业态必须与历史文化环境氛围取得和谐（图 4-5-3）。

图 4-5-1　苏州平江路汪氏诵芬义庄牌楼更新设计

图 4-5-2　苏州平江路董氏义庄更新设计

图 4-5-3　苏州平江路筑园会馆室内

二、隐性环境特征的延续

历史文化环境的保护与更新设计，不仅是指物质层面的外表躯壳，更重要的是它所承载的文化与生活。历史文化环境是在相当长的时期内，随着社会经济的发展，经人们不断地改造和调整而逐步形成的。在特定的地域空间，老百姓长期修养生息，人与环境之间的关系相对稳定，人对环境注入了情感，物质环境成为人化的环境，人与人、人与物之间产生了一系列约定，形成其隐性环境特征。设计师不应该只重视显性环境，从一定意义上来说，隐性环境比显性环境更为重要，前者是活的力量，是精华所在，而后者是前者的表现形式，并不断地为岁月所筛选。

保护历史的真实遗承、保持外观的历史风貌及维护生活功能的延续和文化的传承是历史文化环境保护与更新设计的目标。

第六节 ◉ 游憩规划理论

一、游憩理论

科技进步促进了生产力的发展和生产效率的提高，给人类带来更多的自由时间。闲暇的增加正在改变着人们的价值观、生活和劳动意识。

闲暇的英语单词是“Leisure”，来自拉丁语“licere”，意思是“自由的没有压力的状态”，古希腊单词“Leisure”意指“一系列没有必要压力的活动”。在闲暇时间内从事的活动称为游憩。游憩的英文单词“Recreation”来自拉丁语“recreatio”，意思是更新、恢复。Recreation 的本意是轻松、平静、自愿产生的活动，用于恢复体力和精力，其现代意义和特征包括以下方面：非强制性；生活不可或缺的组成部分；具有一定道德准则；是一种状态、过程或体验；多样性；需要借助一定的外在载体或活动来实现；多元共融性。

游憩与生活密不可分。积极的生活本身就是游憩，游憩是生活的本质，生活质量的高低，本质上取决于游憩的结构与品质。游憩是一种文化现象，包括三个层次：第一，物质文化，即与游憩有关的物质性游憩景观，如公园、广场、主题公园、风景区、博物馆等；第二，精神文化，主要指游憩思想、意识形态和传统；第三，行为文化，这是物质与精神统一的层次，即物化了的心理和意识化了的物质，主要指游憩行为和制度。城市游憩系统是城市社会能量储存与生产系统，市民游憩过程也就是获取能量的过程，作为"潜能"的信息与资源在游憩过程中被吸收转化为能量和动力，使游憩者有更充沛的精力、更丰富的知识、更健康的身体从事生产和创造性活动，促进社会物质文明和精神文明的发展，保持城市社会能量生产系统的综合平衡。游憩理论的建立和发展将会形成以生活为中心的景观规划设计理论。

二、游憩规划的内容

现代社会闲暇游憩已经大众化、社会化，如何创造适应大众需要的游憩空间成为景观设计面临的问题。这至少包括三个层次：居住区邻里交往空间、城市公共空间、城市郊区游憩地。透过景观园林形态，可以看出世界各国景观园林发展史实质上是世界各国人民游憩生活发展史，生活价值观与生活方式决定了景观园林的形态与分布。游憩规划关注的正是人们生活空间的布局与设计，其涉及的范围已远远超过景观园林的传统范畴，直接关系到闲暇资源的开发使用效率和城市社会发展与生活质量。

游憩规划是在城市闲暇资源开发利用战略指导下的一项城市社会工程，其内容包括游憩活动计划、城市公共空间布局、社区交往空间与游憩地规划设计等，城市绿地系统是城市游憩系统的组成部分。风景园林从美化生活转向健康生活，从城市园林绿地扩展到城市户外空间的规划设计，以使用方便舒适为原则，从局部地块转向整体系统，对体育、文化、娱乐、自然、教育等方面的游憩活动进行综合平衡，使其结构合理，全面发展。

三、游憩规划的性质

游憩规划是对市民闲暇生活的规划，以户外生活空间为对象，以人为中心，以闲暇资源的科学开发利用、优化生活结构、提高城市空间的生活价值为目标。它具有四个性质：

1. 层次性

按规划范围，城市游憩规划分居住区、城区、城市地区（包括郊区）三个层次，不同层次的侧重点不同。

2. 动态性

人的生活随经济、社会、文化、科学技术的发展而不断变化，所以游憩规划必须具有动态性，以不断适应生活的变化和生活的需求。另外，游憩规划应能引导生活方式的变化，保持社会健康有序发展。

3. 渗透性

游憩是人类活动不可缺少的组成部分，渗透到各行各业、各类室外空间，除了专门化的游憩空间外，要求其他室外空间都要考虑人的游憩使用，即所谓的空间人性化设计。

4. 综合性

游憩的内涵非常广泛，涉及体育、历史、文化、自然、娱乐、教育、参观、休闲、动态与静态、平静与刺激、主动与被动等诸多内容。除此之外，游憩的发生还需要支持系统来保证，所以城市游憩规划是一项复杂的系统工程，具有高度的综合性。

第七节 ◉ 3S 技术与景观设计

随着信息技术的日益发展，"数字地球"成为全球最重大的信息化发展战略。3S 是 GPS（全球定位系统）、RS（遥感）、GIS（地理信息系统）的统称。近年来，以 3S 技术为代表的空间信息系统集成技术的发展，改变了原来单纯依靠 CAD 系统进行电脑制图的传统设计方法，其所提供的强大的空间信息采集、处理和模拟成像能力为数字地球的实现提供了现实途径，深刻影响了景观设计的基础手段。

一、GPS（全球定位系统）

GPS 即全球定位系统，国际上普遍使用的由美国政府所主导的卫星测位系统。该系统由距离地面 20 200km 的 24 颗卫星组成测地网络，对地表面任何一点、线、多边形都可以进行全天候、高精度的定位、定性和定时。定位是通过三维坐标系统进行的。在定位的同时，通过地面的 GPS 信号接收器，记载物体的基本属性和测量时间，进行定性和定时，并且将其和位置信息转换成数字式信息进行存储和输出。GPS 产品的低成本化使其用途愈来愈广泛，在地质、地理、生物等自然学科和城市规划与建设、军事、灾害监视、农业甚至考古学方面应用前景广阔，正逐步发展成为对景观物质客体对象的位置、形状和基本属性测量与记录的主要手段之一。

二、RS（遥感）

RS 利用物体具有的发射、反射与吸收电磁波的特性探测物体的质地和空间形状。早期的遥感探测主要是通过航空摄影来探测物体，20 世纪 60 年代后，随着人造卫星技术的迅速发展，用于遥感探测的电磁波波段范围不断扩大，即从原来较单调的宽波段向微波、多波段扩展。遥感技术已经具备全天候对地实时高精度监测的功能，与 GPS 相互结合可以更加全面准确地把握地表景观的状态，并且为地理信息系统提供信息源。

三、GIS（地理信息系统）

GIS 作为空间数据库管理系统，能够保存、管理从 GPS、RS 以及其他渠道获得的景观物质客体的空间与属性数据（空间数据包括矢量数据和栅格数据），通过叠加、邻近、网络分析认识和评价客体景观状态和景观作用过程的规律，预测景观发展变化和影响，数字模拟和展示虚拟景观。

第五章

景观设计的程序

不同内容的景观设计有不同的程序，总体看来，要经过调查研究、规划、景点方案设计及施工图设计三个阶段。

第一节 ◉ 调查研究阶段

一、明确限制因素

切合实际的景观设计应充分考虑限制因素。对景观设计影响较大的因素包括：

（一）预算的限制

在实际情况下，费用不受限制是不可能的。调查不仅要了解景观设计的任务情况，审批文件、征收用地的情况，还应了解甲方的特别要求、经济能力以及管理能力等。

（二）用地和环境的限制

为了明确限制，需进行以下调查：

1. 自然环境的调查

包括气象、地形、地质、土壤、水系、植物、功能、景观的个性等。

2. 人文环境的调查

包括当地的历史沿革、民俗风情、古迹文物、神话传说、市花市树等。

3. 用地现状的调查

包括方位，坡度，边界线，土地使用权，建筑物的位置、高度、式样，土壤，植被，光照，降水，地下水位，道路，地上地下管线，等等。

4. 使用者的要求

（1）功能的要求（主要使用方式）。

（2）美的要求（内容与形式）。

（3）利用的界限条件（时间、地点、年龄等）。

5. 规划材料的限制

包括建筑材料、绿化苗木、水源等。

需要注意的是，在调查过程中，不仅要重视设计中的有利因素，还要仔细考虑不利因素。

（三）技术的限制

为了满足景观设计的目的，要了解选用什么样的设施和材料，什么结构才能达到安全、经济、美观的效果。此外，施工条件、技术力量、造景素材的供应情况等皆应考虑。特别是植物配置，不仅要考虑气候因素对植物的限制，还应顾及土质、地下水位、病虫害等的限制。

（四）政策、法规的限制

国家在景观设计中制定的有关方针、政策以及主管部门提出的一些具体指导意见和建议等。

以上四条限制是景观设计的前提条件。对此，如果不努力地加以研究和分析，中途将可能导致大的变动和返工。

二、分析相似的景观设计实例

分析相似的优秀景观设计实例，对于开阔设计思路，提高设计效率是十分有益的。同类的景观设计即使其规模、设施不同，也会有很多共同点，这些优秀的实例都是前人的努力和经验积累的成果。了解这些实例，不是照猫画虎，而是要了解其来龙去脉。只有真正理解其本质，才能成为自己设计的借鉴。

同时,可参观若干同类景观,了解其解决问题的手法,有条件的应多翻阅世界各国,尤其是景观设计水平较高的国家此类设计的手法。

三、编制可行性研究文件

可行性研究文件由可行性研究报告、图面材料和附件三部分组成。可行性研究报告编写的提纲主要包括项目背景、建设条件论证、规划设想、投资估算与资金筹措、项目评价等部分;图面材料包括现状图、区域环境位置图、总平面图、功能分区及景区景点分布图等;附件主要包括有关自然、人文景观照片及综述,有关声像资料,有关技术经济论证资料等。

第二节 ⊙ 规划阶段

一、总体规划

总体规划以已经评议审批过的可行性研究文件为依据,编制总体规划说明书和绘制总体规划图纸,编制说明及图纸因各类景观的范围、等级、现状基础、服务对象、游人规模、开发程度的不同而有差异。例如,风景名胜区的总体规划,必须确定风景区的范围、性质与发展目标,风景区的分区、结构与布局,风景区的容量、人口与生态原则等基本内容。

二、专项规划

景观专项规划包括环境保护培育规划、景观游览规划、典型景观规划、游览设施规划、基础工程规划、居民社会调控规划、经济发展引导规划、土地利用协调规划、分期发展规划等方面。

三、详细规划

景观的范围非常大,如何有机地组织景观,安排好各项事业和工程设施是一项相当复杂的工作。在总体规划和专项规划的基础上,大型的景区应增编分区规划,一些重点地段,也可以增编控制性详细规划或修建性详细规划。

第三节 ⊙ 景点方案设计及施工图设计阶段

一、景点方案设计

(一) 基本构思

所谓"基本构思",是指设计的初级阶段,在头脑中经过一定的酝酿,对方案总的发展方向有一个明确的意图。基本构思的好坏极大地影响着整个设计的成败,特别是对于一些复杂的设计,由于面临着很多矛盾,如果在一开始没有一个总的设计意图,在以后的工作中,就难以把握全局。

基本构思不是凭空产生的,它是以对景观特点的准确分析为基础的;基本构思的内容除了考虑景观的功能外,还要考虑工程和艺术的规律,以及建设单位的人力、物力和财力;基本构思的体现需要相应的技法,景观设计者必须具备熟练的设计表现技法。

(二) 方案设计步骤

以江苏吴江新世纪公园方案设计为例(周玉明、徐凯等供稿)。

1. 由平面图开始

设计一般可由平面图开始,因为基本功能要求在平面图里得到最为具体的反映。例如,景观的功能及分区,道路系统,各景点间的联系等,皆是设计中要遇到和解决的问题。在开始动手的一段时间内,应先把主要力量放在平面图的研究上。

平面图的绘制是从徒手画铅笔草图开始的。徒手画铅笔草图是学习景观规划设计必须掌握的一项基本功。用半透明的草图纸蒙在现状图(或地形图)上,根据基本构思在草图纸上按照大致尺寸和景观图例徒手描画。在这个过程中,设计者一面动手画图,一面考虑设计中的问题，手、眼、脑并用，它们之间要求有最敏捷的联系，使用铅笔徒手绘图就有这样的好处。用 B–2B 软质铅笔徒手画出的线条要比硬质铅笔和尺子画出的线条更富灵活性与伸缩性，设计者可在较短时间内，最有效地把设计的主要意图表现出来。这样第一张平面草图就产生了。这张草图势必有不少问题，甚至称不上是一个方案，但它却把设计者的思维活动第一次变成了具体的图纸形象(图 5-3-1)。

通过对第一张草图的分析，找出问题，再蒙上草图纸进行改进，绘出第二张或第三张草图(图 5-3-2)，通过描绘比较，将较好的方案继续做下去，再作进一步的平面分析(图 5-3-3，图 5-3-4，图 5-3-5，图 5-3-6，图 5-3-7)。

2. 平、立、剖的综合考虑

对平面作过考虑之后，还应从平、立、剖三方面考虑所设计的方案。这对初学者学习如何全面、立体地去考虑问题很有好处（图 5-3-8，图 5-3-9，图 5-3-10，图 5-3-11)。

3. 效果图及模型

画过一遍平、立、剖面图后，表示设计者已经初步接触到了各方面的问题，对各种关系有了比较全面的了解，这时可绘制效果图或借助模型说明问题，得出自己认为比较满意的方案(图 5-3-12，图 5-3-13，图 5-3-14)。

二、施工图设计

在进行方案设计之后，就要对每个局部的施工图进行设计，包括施工总图设计、竖向设计、建筑设计、道路广场设计、种植设计、水系设计、管线设计、电气管线设计、假山设计及雕塑、栏杆、标牌等小品设计，做出说明书、初步预算、工程量统计表等。

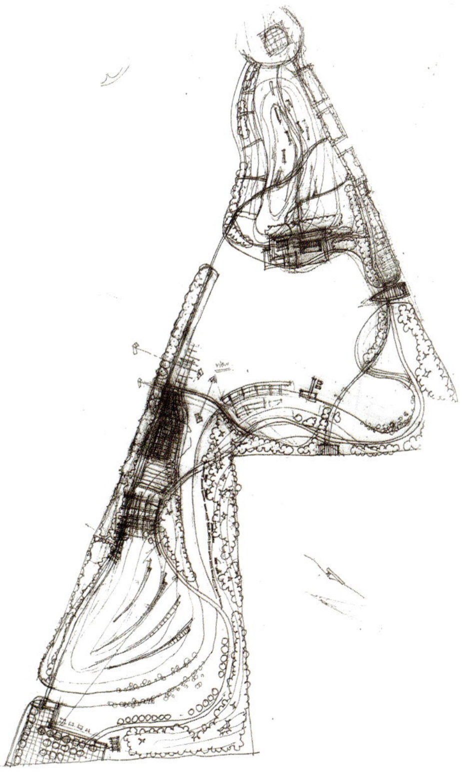

图 5-3-1　草图构思之一

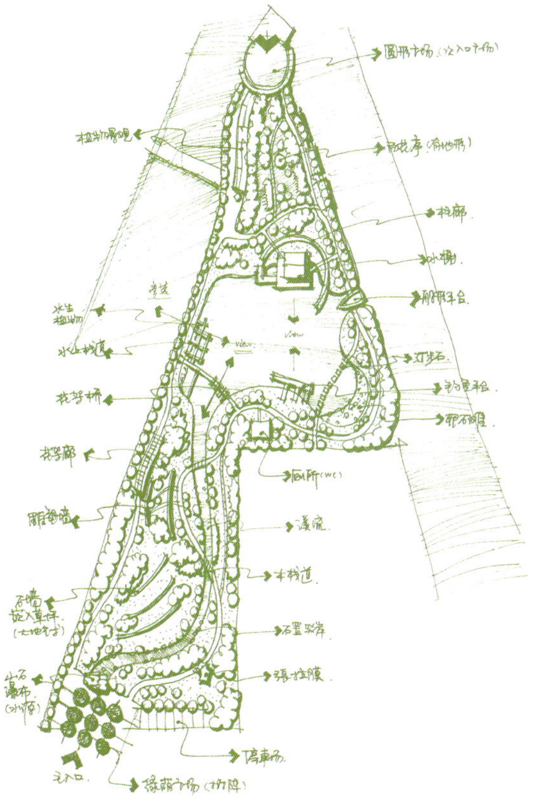

图 5-3-2　草图构思之二

图 5-3-3 平面图

景观设计

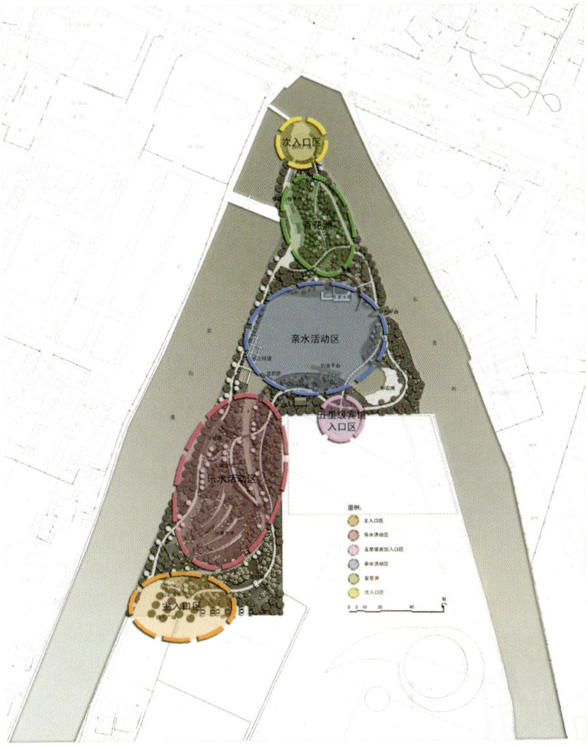

图 5-3-4　平面分析之一　分区图

图 5-3-5　平面分析之二　流线分析图

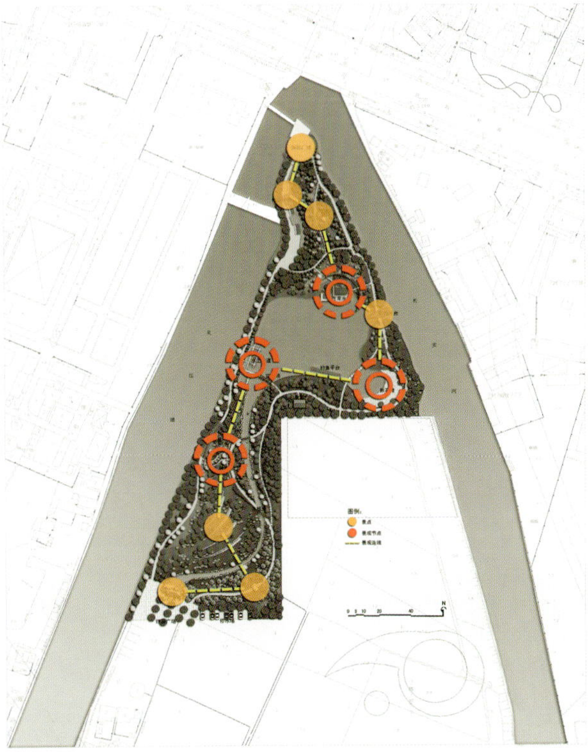

图 5-3-6　平面分析之三　景点结构分析图

图 5-3-7　平面分析之四　景观要素分析

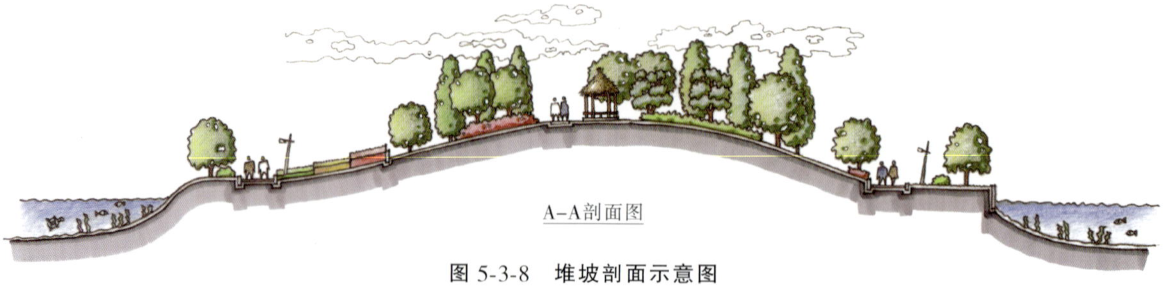

图 5-3-8　堆坡剖面示意图

图 5-3-9　流水剖面示意图

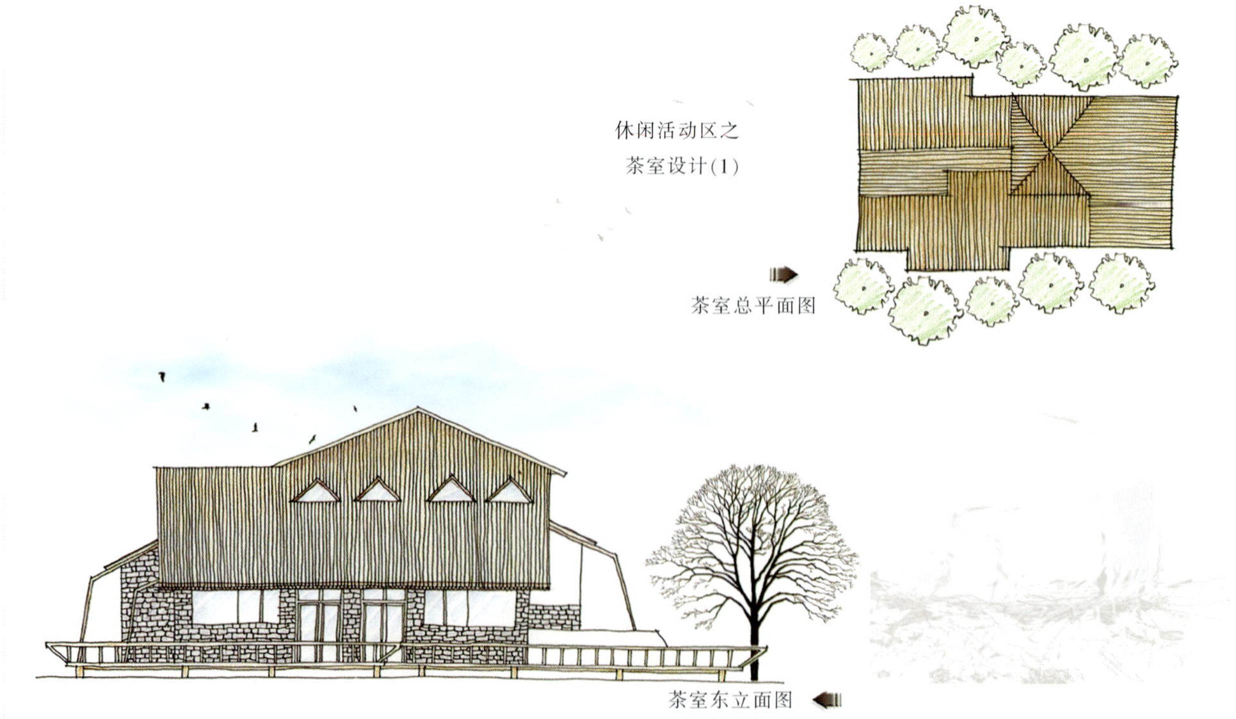

图 5-3-10　茶室西立面示意图

休闲活动区之茶室设计(2)

茶室西立面图

茶室南立面图

图 5-3-11　茶室南立面示意图

茶室透视效果图

图 5-3-12　茶室鸟瞰图

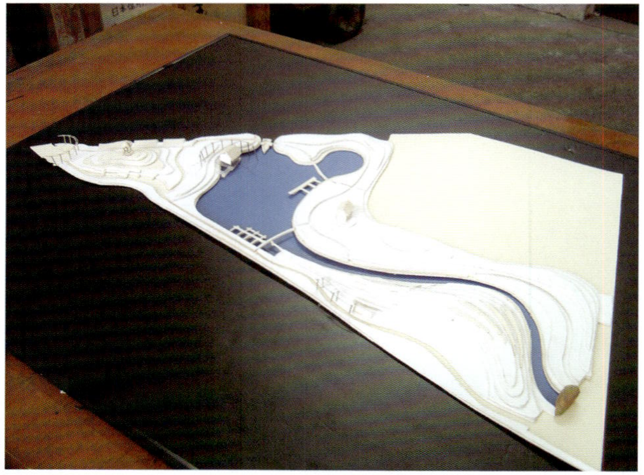

图 5-3-13　模型制作

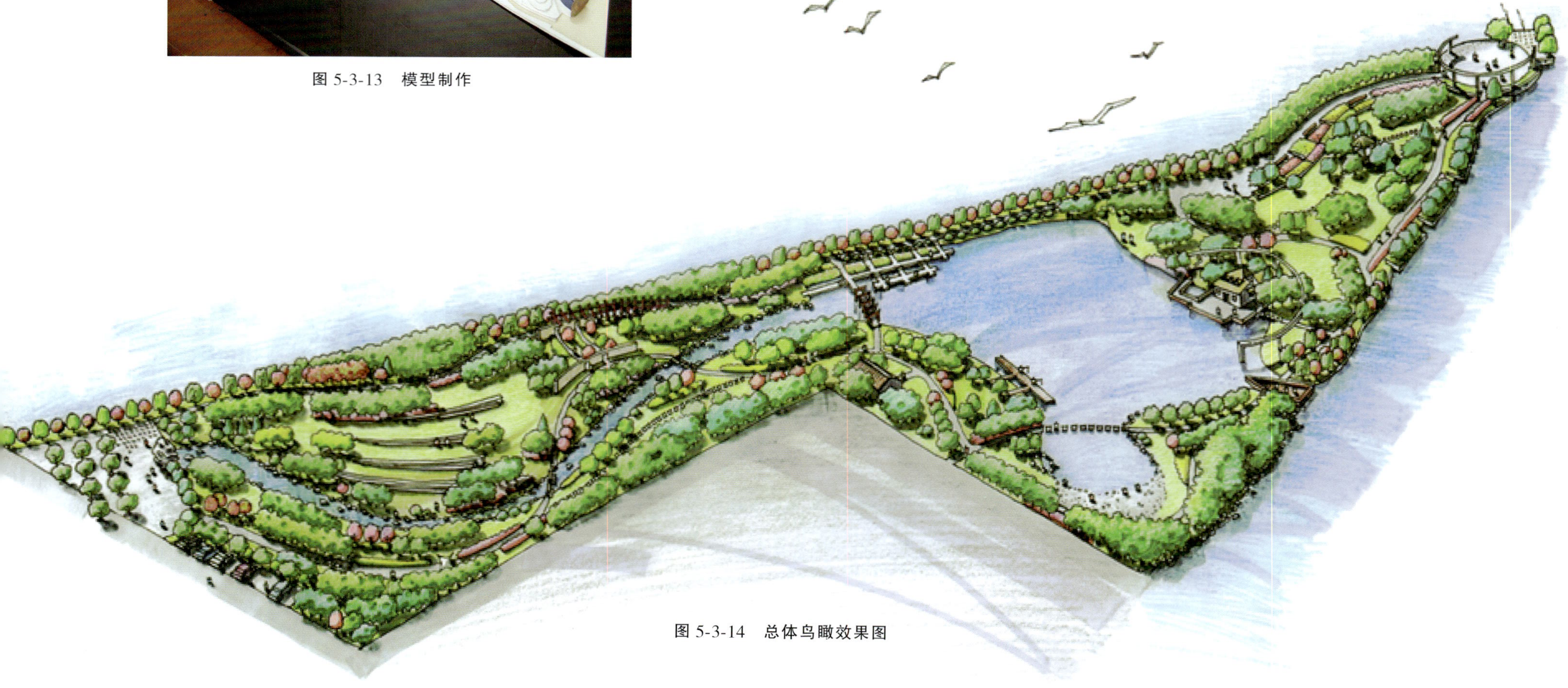

图 5-3-14　总体鸟瞰效果图

第六章

景观设计的主要类型

第一节 ⦿ 城市绿地系统规划

一、城市绿地系统的概念

城市绿地系统是由城市中各种类型和规模的绿化用地组成的整体，是一个结构完整的系统，并承担城市的以下职能：改善城市生态环境，满足居民休闲娱乐要求，组织城市景观，美化环境和防灾避灾等(图 6-1-1)。

二、城市绿地系统规划的概念

城市绿地系统规划是指对各种城市绿地进行定性、定位、定量的统筹安排，形成具有合理结构的绿色空间系统，以实现绿地所具有的生态保护、游憩休闲和社会文化等功能的活动。城市绿地系统规划是城市总体规划的重要组成部分，也是指导城市园林绿地详细规划和城市绿地建设管理的重要依据。

城市绿地系统规划一般有两种形式。第一种属城市总体规划的组成部分，是城市总体规划中的专业规划。其任务是调查与评价城市发展的自然条件；协调城市绿地与其他各项建设用地的关系；确定城市公园绿地和生产防护绿地的空间布局、规划总量和人均定额。这实际是一种对城市部分绿地进行的规划或不完全的系统规划。

第二种属专项规划，《城市规划编制办法实施细则》第十六条提出“必要时可分别编制”的城市绿地系统规划指第二种形式。其主要任务是以区域规划、城市总体规划为依据，预测城市绿化各项发展指标在规划期内的发展水平，综合部署各类各级城市绿地，确定绿地系统的结构、功能和在一定的规划期内应解决的主要问题；确定城市主要绿化树种和园林设施以及近期建设项目等，从而满足城市和居民对城市绿地的生态保护和游憩休闲等方面的要求。这是一种针对城市所有绿地和各个层次的系统规划。

三、城市绿地系统规划的原则

要搞好城市绿地系统规划，达到预期的目标，在进行绿地系统规划时必须遵守以下原则：

(1) 以生态学的观念，从城市整体空间体系的角度出发，重新认识城市绿地，使城市绿地系统充分发挥其改善城市环境的生态功能。

(2) 城市绿地系统规划应结合城市其他组成部分的规划，综合考虑，全面安排。

(3) 城市绿地系统规划，必须结合当地的特点，实事求是、因地制宜地进行。

(4) 城市绿地应均衡分布，有合理的服务半径，满足全体市民的休闲需要。

(5) 城市绿地系统应在统一规划的前提下，分期实施，保证各阶段绿化的效果及质量。

(6) 在城市绿地系统规划建设的经营管理中，除要充分发挥其环境、社会效益外，还可结合生产，创造经济价值。

四、城市绿地系统规划的内容

城市绿地系统规划包括以下几个方面的内容：

图 6-1-1　苏州工业园区中新合作区绿地系统示意图

(1) 确定城市绿地系统规划的目标及原则。

(2) 根据国家统一的规定及城市自身的生态要求，国民经济计划，生产、生活水平以及城市发展规模等，研究城市绿地建设的发展速度及水平，拟定城市绿地的各项指标。

(3) 选择和合理布局各项绿地，确定其性质、位置、范围和面积等，使其与整个城市总体规划的空间结构相结合，形成一个合理的系统。

(4) 提出各类绿地调整、充实、改造、提高的意见，进行树种及生物多样性保护与建设规划，提出分期建设与实施措施及计划。

(5) 编制城市绿地系统规划的图纸及文件。

(6) 对重点公园绿地提出规划设计方案，提出重点地段绿地设计任务书以备详细规划使用。

第二节 ◉ 各类城市绿地设计

一、城市绿地分类

所谓城市绿地，是指以自然植被和人工植被为主要存在形态的城市用地。它包含两个层次的内容：一是城市建设用地范围内用于绿化的土地；二是除城市建设用地之外，对城市生态、景观和居民休闲生活具有积极作用，绿化环境较好的区域。这个概念建立在充分认识绿地生态功能、使用功能和美化功能，城市发展与环境建设互动关系的基础上，是对绿地的一种广义的理解，有利于建立科学的城市绿地系统。2002 年国家建设部颁布了新的《城市绿地分类标准》，该标准采用英文字母和阿拉伯数字混合编码的形式，将城市绿地分为 5 个大类、13 个中类、11 个小类。

5 个大类：G_1 公园绿地、G_2 生产绿地、G_3 防护绿地、G_4 附属绿地、G_5 其他绿地。

13 个中类：公园绿地中的 G_{11} 综合公园、G_{12} 社区公园、G_{13} 专类公园、G_{14} 带状公园、G_{15} 街旁绿地；附属绿地中的 G_{41} 居住绿地、G_{42} 公共设施绿地、G_{43} 工业绿地、G_{44} 仓储绿地、G_{45} 对外交通绿地、G_{46} 道路绿地、G_{47} 市政设施绿地、G_{48} 特殊绿地。

11 个小类：综合公园中的 G_{111} 全市性公园、G_{112} 区域性公园；社区公园中的 G_{121} 居住区公园、G_{122} 小区游园；专类公园中的 G_{131} 儿童公园、G_{132} 动物园、G_{133} 植物园、G_{134} 历史名园、G_{135} 风景名胜公园、G_{136} 游乐园、G_{137} 其他专类公园。具体分类及内容见表 6-1。

表 6-1　城市绿地分类

类别代码			类别名称	内容与范围	备　注
大类	中类	小类			
			公园绿地	向公众开放，以游憩为主要功能，兼具生态、美化、防灾等作用的绿地	
	G_{11}		综合公园	内容丰富，有相应设施，适合于公众开展各类户外活动的规模较大的绿地	
		G_{111}	全市性公园	为全市居民服务，活动内容丰富、设施完善的绿地	
		G_{112}	区域性公园	为市区内一定区域的居民服务，具有较丰富的活动内容和设施完善的绿地	
	G_{12}		社区公园	为一定居住用地范围内的居民服务，具有一定活动内容和设施的集中绿地	不包括居住组团绿地
		G_{121}	居住区公园	服务于一个居住区的居民，具有一定活动内容和设施，为居民区配套建设的集中绿地	服务半径：0.5～1.0km
		G_{122}	小区游园	为一个居住小区的居民服务、配套建设的集中绿地	服务半径：0.3～0.5km

续表

类别代码			类别名称	内容与范围	备注
大类	中类	小类			
G_1	G_{13}		专类公园	具有特定内容或形式，有一定游憩设施的绿地	
		G_{131}	儿童公园	单独设置，为少年儿童提供游戏及开展科普、文体活动，有安全、完善设施的绿地	
		G_{132}	动物园	在人工饲养条件下，移地保护野生动物，供观赏、普及科学知识、进行科学研究和动物繁育，并具有良好设施的绿地	
		G_{133}	植物园	进行植物科学研究和引种驯化，并供观赏、游憩及开展科普活动的绿地	
		G_{134}	历史名园	历史悠久，知名度高，体现传统造园艺术并被审定为文物保护单位的园林	
		G_{135}	风景名胜公园	位于城市建设用地范围内，以文物古迹、风景名胜点（区）形成的具有城市公园功能的绿地	
		G_{136}	游乐公园	具有大型游乐设施，单独设置，生态环境较好的绿地	绿化占地比例应大于等于65%
		G_{137}	其他专类公园	除以上各种专类公园外具有特定主题内容的绿地，包括雕塑园、盆景园、体育公园、纪念性公园等	绿化占地比例应大于等于65%
	G_{14}		带状公园	沿城市道路、城墙、水滨等，有一定游憩设施的狭长形绿地	
	G_{15}		街旁绿地	沿城市道路用地之外，相对独立成片的绿地，包括街道广场绿地、小型沿街绿化用地等	绿化占地比例应大于等于65%
G_2			生产绿地	为城市绿化提供苗木、花草、种子的苗圃、花圃、草圃等圃地	
G_3			防护绿地	城市中具有卫生、隔离和安全防护功能的绿地，包括卫生隔离带、道路防护绿地、城市高压走廊绿带、防风林、城市组团隔离带等	
G_4			附属绿地	城市建设用地中绿地之外各类用地中的附属绿地用地，包括居住用地、公共设施用地、工业用地、仓储用地、对外交通用地、道路广场用地、市政设施用地和特殊用地中的绿地	
	G_{41}		居住绿地	城市居住用地内社区公园以外的绿地，包括组团绿地、宅旁绿地、配套公建绿地、小区道路绿地等	
	G_{42}		公共设施绿地	公共设施用地内的绿地	
	G_{43}		工业绿地	工业用地内的绿地	
	G_{44}		仓储绿地	仓储用地内的绿地	
	G_{45}		对外交通绿地	对外交通用地内的绿地	
	G_{46}		道路绿地	道路广场用地内的绿地，包括行道树绿带、分车绿带、交通岛绿地、交通广场和停车场绿地等	
	G_{47}		市政设施绿地	市政公用设施用地内的绿地	
	G_{48}		特殊绿地	特殊用地内的绿地	
G_5			其他绿地	对城市生态环境质量、居民休闲生活、城市景观和生物多样性保护有直接影响的绿地，包括风景名胜区、水源保护区、郊野公园、森林公园、自然保护区、风景林地、城市绿化隔离带、野生动植物园、湿地、垃圾填埋场恢复绿地等	

二、各大类绿地的特征

（一）公园绿地

公园绿地是城市绿地中最重要的组成部分，也是人们接触最多、对城市形象影响最大的绿地。公园绿地以向全体市民开放、具有游憩功能为主要特征，兼具景观、生态、教育、减灾等功能（图 6-2-1）。

（二）生产绿地

生产绿地是指为城市绿化提供苗木、花草、种子的苗圃、花圃、草圃等圃地。其主要功能是为城市绿化服务。

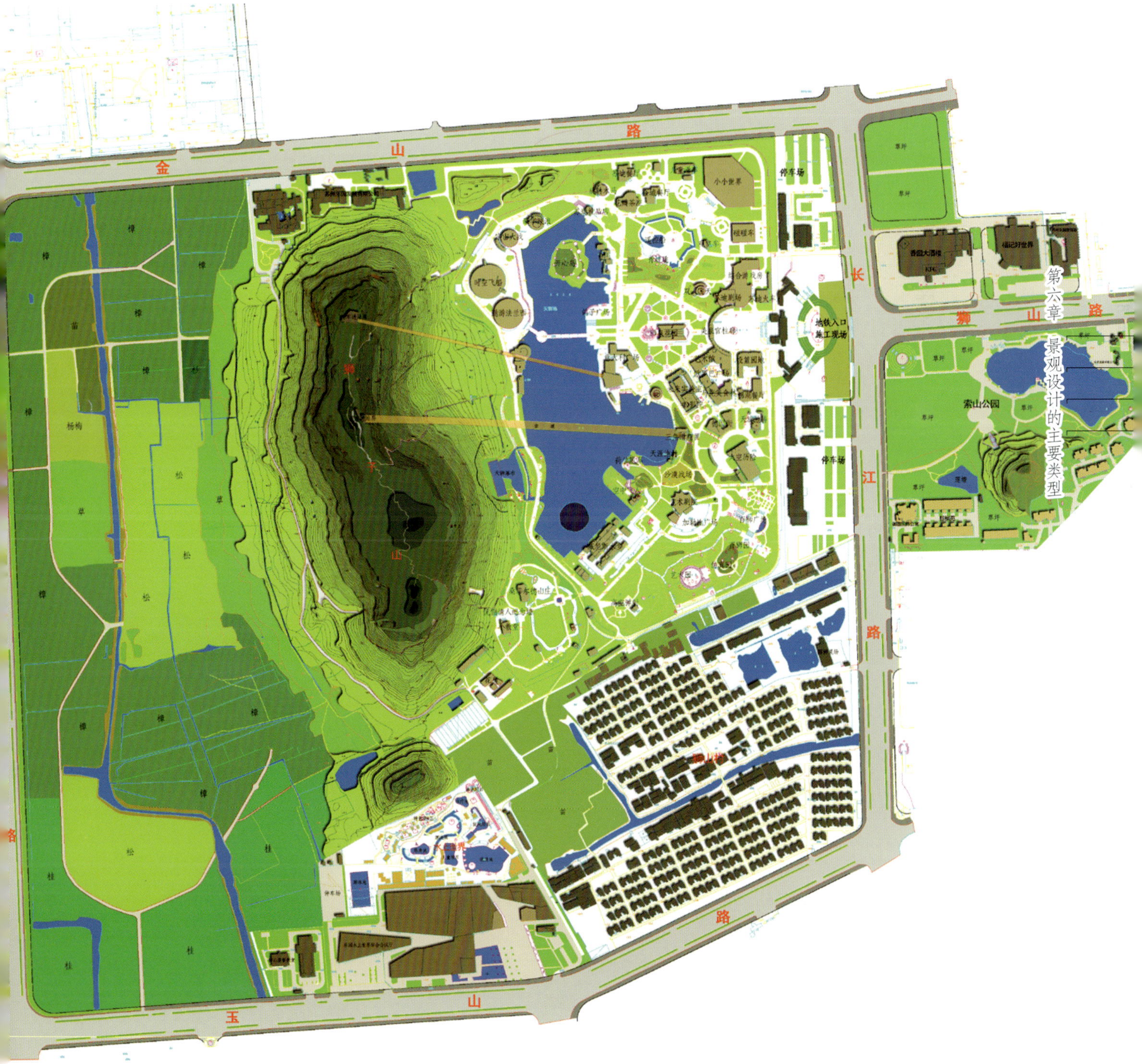

图 6-2-1　苏州乐园平面图

新的分类标准中不强调生产绿地的所属关系，即打破了原来定义的属园林部门的界限，只要是能为城市提供苗木、花卉、草坪、种子的各类圃地均可计入生产绿地。但其他季节性或临时苗圃、从事苗木生产的农田、单位内附属的苗圃等不计入生产绿地。此外，位于城市建设用地范围以外的生产绿地不参与城市建设用地平衡，但在用地规模上应达到相关标准的规定。

属于城市生产绿地的各类圃地是城市绿化的生产基地，其主要任务是为城市绿化提供所需的树木、花卉。其中有的苗圃、花圃也可对外开放，供市民游览观赏，具有公园的特征。苗圃、花圃的选址一般可位于城市近郊，应有良好的土壤、水源条件，并应远离各种污染源。

（三）防护绿地

防护绿地是指为了满足城市对卫生、隔离、安全的要求而设置的绿地，它的主要功能是对自然灾害和城市危害起到一定的防护和减弱作用。

（四）附属绿地

附属绿地是指城市建设用地中绿地之外各类用地中的附属绿化用地。包括居住用地、公共设施用地、工业用地、仓储用地、对外交通用地、道路广场用地、市政设施用地和特殊用地中的绿地（图 6-2-2）。

图 6-2-2　常熟沙家浜互通绿地设计全景图

（五）其他绿地

其他绿地是指对城市生态环境质量、居民休闲生活、城市景观和生物多样性保护有直接影响的绿地。其他绿地通常位于城市建设用地以外，一般是植被覆盖较好、山水地貌较好或应改造好的区域。这类绿地的主要功能是保护生态环境、培育景观、控制建筑、减灾防灾、观光旅游、郊游探险、保护自然或文化遗产等。

第三节 ⦿ 城市综合环境设计

一、城市综合环境设计的概念

城市综合环境设计是对城市体型和空间环境所作的整体构思和安排，贯穿于城市规划的全过程。城市设计要考虑由建筑物、道路、绿地、自然地形等构成的基本物质要素，以及由基本物质要素所组成的相互联系的、有序的城市空间和城市整体形象，从小尺度的亲切庭院空间、宏伟的城市广场，直到整个城市存在于自然空间的形象。城市综合环境设计也称为城市设计。

二、城市综合环境设计的内容

城市综合环境设计从人类开始自觉地建设城市起就出现了。中国古代有大量的城市综合环境设计的优秀实例，例如明清北京故宫的宫殿建筑群，创造出帝王都城既严谨雄伟又生动丰富的空间环境，是城市综合环境设计的杰作（图 6-3-1，图 6-3-2）。中国许多古代城市中，诸如建筑、街道、广场、影壁、牌坊、寺塔、亭台等，在空间布局、视线对景、体型比例等方面都经过精心的设计，构成各具特色的城市空间环境。古希腊的卫城，古罗马的城市广场，中世纪和文艺复兴时期欧洲一些城市所建造的许多著名的城市广场、大型宫廷花园等，都是古代城市综合环境设计的范例（图 6-3-3，图 6-3-4，图 6-3-5）。

现代城市的出现，带来了城市功能的多样化和复杂化，促使城市综合环境设计的指导思想和设计方法发生了重大变化。现代城市所进行的城市综合环境设计，在内容、规模、技术水平以及形式、风格的丰富多彩方面，都是前所未有的。20 世纪以来，尤其是第二次世界大战后，各国在城市综合环境设计上进行了丰富的实践。例如，现有城市中心区、成片旧城区和旧街道的重建和改建，各种类型的新城（包括卫星城镇）、新居民区、城市广场和公共活动中心、大型交通运输枢纽、大型绿化带（包括河滨、湖滨、海滨绿化带等）的建设，都是城市设计的结果。

目前，中国的景观设计与城市综合环境设计相结合还处于兴起阶段，在城市综合环境设计领域，建筑、规划、景观学等专业都占有一席之地。而在美国，已有大量的城市综合环境设计实践，这些城市综合环境设计主要是由景观设计师来做的。这是因为在空间布局组织上，主要是由贯穿于整个城市开敞空间的景观来控制协调的。城市综合环境设计是从开放空间（Open space）入手开始做的，配合着开敞空间再把建筑一个个放进去，然后考虑一些形象的问题。

作为统领开敞空间的景观与城市综合环境设计的关系极为重要，这不仅仅是所谓的风貌规划，而是需要从景观规划设计的角度，从景观开敞空间、绿地、生态着眼，首先为城市留有起码的“空地”。

第四节 ⦿ 历史文化名城保护规划

一、历史文化名城的概念

所谓历史文化名城，是指经国务院批准公布的保存文物特别丰富并且具有重大历史价值或者革命纪念意义的城市。我国对于列

图 6-3-1　故宫示意图一

图 6-3-2　故宫示意图二

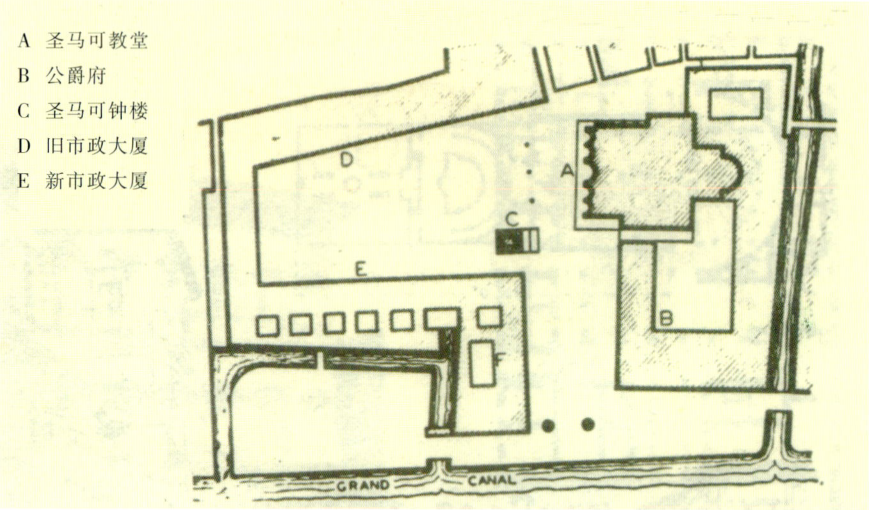

图 6-3-3　圣马可广场平面

图 6-3-4　圣马可广场立面

图 6-3-5　圣马可广场鸟瞰图

入历史文化名城的城市要求必须符合以下三个标准：

（1）城市的历史悠久，仍然保存有较为丰富、完好的文物古迹，具有重大的历史、科学、艺术价值。

（2）城市的现状格局和风貌仍保留着历史特色，并具有一定数量的代表城市传统风貌的街区。

（3）文物古迹主要分布在城市市区和郊区，保护和合理使用这些历史文化遗产对该城市的性质、布局、建设有重要的影响。

二、历史文化名城保护规划的内容

历史文化名城保护的内容应包括：历史文化名城的格局和风貌；与历史文化密切相关的自然地貌、水系、风景名胜、古树名木；反映历史风貌的建筑群、街区、村镇；各级文物保护单位；民俗精华、传统工艺、传统文化等。保护目标根据保护对象的现状和性质而定，还要兼顾地区经济文化发展的要求。

历史文化名城保护从国际范围来看，属于典型的景观规划设计。其中历史文化名城的特色是进行景观规划设计的重要依据之一，而景观规划设计也是保护历史文化名城的主要手段。但在国内长期形成的概念是：历史文化名城保护是城市规划的任务之一。其实，在满足城市规划原则要求的前提下，运用景观规划设计的理论和方法来保护历史文化名城，能做得更好。如意大利的古城佛罗伦萨、瑞士的伯尔尼（图 6-4-1，图 6-4-2）。

第五节 ⦿ 风景名胜区规划设计

一、风景名胜区的概念

风景名胜区，也称风景区，指风景资源集中、环境优美，具有一定规模和游览条件，可供人们游览欣赏、休憩娱乐或进行科学文化活动的地域。

我国确定风景名胜区的标准是：具有观赏、文化或科学价值，自然景物、人文景物比较集中，环境优美，可供人游览、休息，或进行科学文化教育活动，具有一定的规模和范围。因此，风景名胜区事业是国家社会公益事业。我国建立风景名胜区，是要为国家保留一批珍贵的风景名胜资源（包括生物资源），同时科学地建设管理、合理地开发利用。

中国国家级风景区的英文名称为“National Park of China”，与国际上的国家公园（National-Park）相对应，同时又有自己的特点。国家公园是指面积较大的自然地区，自然资源丰富，有的也包括一些历史遗迹。禁止狩猎、采矿和其他资源耗费活动。国家公园原则上应有超过 20km^2 的核心景区，核心景区保持着原始景观。除此之外，还需要有若干生态系统未因人类开发和占有而发生显著变化，动植物种类及地质、地形、地貌具有特殊科学、教育、娱乐等功能的区域。

二、风景名胜区的类型、特征和功能

（一）风景名胜区的类型

按照景观特征分成以下八类：

（1）以山景取胜的风景名胜区。

（2）以水景取胜的风景名胜区。

（3）山水结合、交相辉映的风景名胜区。

（4）以历史古迹为主的风景名胜区。

（5）休养、疗养、避暑胜地。

（6）近代革命圣地。

（7）自然保护区中的游览区。

（8）因现代工程建设而形成的风景名胜区。

按照等级分成以下四类：

（1）国家级重点风景名胜区。

（2）省级风景名胜区。

（3）市级风景名胜区。

（4）县级风景名胜区。

图 6-4-1　意大利历史文化名城佛罗伦萨示意图

图 6-4-2　瑞士历史文化名城伯尔尼示意图

（二）风景名胜区的特征

(1) 类型众多。既有山岳、湖泊、河川、瀑布、海滨、岛屿等众多自然景观类型的风景名胜区，也有以人文景观为主的风景名胜区。

(2) 自然景观奇特。在我国的许多风景名胜区，自然景观绚丽多姿，极有特色，令人赞叹不已。如武陵源风景名胜区罕见的砂岩峰林峡谷地貌（图 6-5-1）；九寨沟风景名胜区的成百个阶梯状彩色湖泊等。

图 6-5-1　武陵源风景名胜区砂岩峰林峡谷地段

(3) 自然景观与人文景观融为一体。我国的自然山川大多受到历史文化的影响，伴有不少文物古迹，以及诗词歌赋、神话传说，从不同的侧面体现中华民族的悠久历史和灿烂文化。

（三）风景名胜区的功能

(1) 保护风景名胜资源，维护自然生态平衡。随着经济的不断发展和各种开发活动的日益扩大，珍贵的自然景物、人文景物受到了威胁，大自然的生态环境也受到破坏。我国的风景名胜区就是在这种情况下设立的。

(2) 供人游览，开展娱乐活动。

(3) 发挥美学价值，满足人们的精神享受。

(4) 供人们，特别是科技工作者开展科学研究活动。

(5) 向人们，特别是青少年进行教育的良好园地。风景名胜区所具有的教育作用表现为：一是普及自然科学知识，如植物、动物、地理、环境等方面的知识。二是进行精神文明及爱国主义教育，寓教于乐，有助于提高修养，振奋精神，促进精神文明建设。

三、风景名胜区的构成概念

风景名胜区的构成概念主要如下：

1. 风景名胜区规划

也称风景区规划，是保护培育、开发利用和经营管理风景区，并发挥其多种功能作用的统筹部署和具体安排。经相应的人民政府审查批准后的风景区规划，具有法律权威，必须严格执行。

2. 风景资源

风景资源也称景源、景观资源、风景名胜资源、风景旅游资源，是指能进行审美与欣赏活动，可以作为风景游览对象和风景开发利用的事物与因素的总称。风景资源是构成风景环境的基本要素，是风景区产生环境效益、社会效益、经济效益的物质基础。

3. 景点

景点是由若干相互关联的景物所构成，具有相对独立性和完整性，并具有审美特征的基本境域单位。

4. 景群

景群是由若干相关景点所构成的景点群落或群体。

5. 景区

景区是指在风景区规划中，根据景源类型、景观特征或游赏需求而划分的一定用地范围，包含有较多的景物和景点或若干景群，形成相对独立的分区特征。

第六节 ⦿
森林公园规划设计

一、森林公园的概念

森林公园是以森林景观为主体，融自然、人文景观与一体，具有良好的生态环境及地形、地貌特征，具有较大的面积与规模，较高的观赏、文化、科学价值，经科学的保护和适度建设，可为人们提供一系列森林游憩活动及科学文化活动的特定场所。

森林公园对具有一个或多个生态系统、通常没有或极少受到社会开发的特殊地域内的自然环境和自然资源，特别是对以森林为主体的，具有科学、教育或游憩作用和美学价值的自然地区采取各种有效措施，进行科学的保护、管理和发展。在不破坏自然生态环境的基础上，充分发挥森林生态环境的优势，开展科学研究、教育和发展森林旅游业等活动，极大地满足人类向往绿色世界、享受大自然的渴望和需求(图 6-6-1)。

图 6-6-1　苏州穹窿山森林公园

二、森林公园发展概况

世界上森林公园的发展已有 100 多年的历史，很多国家在长期的保护、管理和发展中取得了明显的成果，积累了宝贵的经验。实践证明，森林公园事业的建设与发展，不仅在保护和改善生态环境、挽救濒危物种、保护自然历史遗产等诸多方面发挥了重要的作用，而且取得了显著的社会、经济效益。

我国森林旅游资源十分丰富，林区地貌、森林景观和人文景观各具特色，森林公园有着广阔的发展前景和巨大的开发潜力。我国发展森林公园是 20 世纪 80 年代初开始的，虽然起步较晚，但近 30 年来得到了迅速的发展。自 1982 年我国第一个国家森林公园——张家界国家森林公园诞生之日起，一大批各具特色的森林公园先后建立，如浙江千岛湖、天台山，陕西的楼观台、太白山，江苏的虞山等。

据统计，在我国 4 200 个国有林场中，有 600 多个国有林场具有丰富的森林风景资源，并且大多数位于城镇及风景旅游区附近，历史文化遗迹与人文景观资源极为丰富，具有极大的开发潜力。近些年来，国家和有关省、市、自治区还先后建立了 400 多处森林和野生动物类型自然保护区，为发展我国的森林旅游事业奠定了坚实的基础。

三、森林公园的构成概念

森林公园的构成概念主要如下：

1. 森林旅游资源

森林旅游资源是指以森林景观为主体，其他自然景观为依托，人文景观为陪衬，具有游览价值与旅游功能，并能吸引旅游者的自然与社会、有形与无形的一切因素。包含自然资源与人文资源。

2. 景观资源

景观资源指在森林公园范围内，可构成景观并具有观赏、文化、科学价值的一切资源。包含自然景观资源和人文景观资源。

3. 景区

景区是为便于森林旅游管理和组织游览，根据风景特点与分布状况及使用功能而区划的地域空间。

4. 景点

景点是指在一定空间按照美学观点构成的主题鲜明而完整的画面。可以是能够吸引游人的独立景物，也可以是由多个景观要素组成的综合体。

第七节 ⊙ 观光农业园规划设计

一、观光农业的概念

观光农业是一种以农业和农村为载体的新型旅游业，有狭义和广义两种含义。狭义的仅指用来满足旅游者观光需求的农业；广义的观光农业涵盖“休闲农业”、“观赏农业”、“农村旅游”等不同的概念，主要是指在充分利用现有农村空间、农业自然资源和农村人文资源的基础上，通过以旅游内涵为主体的规划、设计与施工，把农业建设、科学管理、农艺展示、农产品加工、农村空间出让及旅游者的广泛参与融为一体，使旅游者充分领略现代新型农村及生态农业情趣的新型旅游业（图 6-7-1）。

观光农业是把观光旅游与农业结合在一起的一种旅游活动。它的形式和类型很多。根据德国、法国、美国、日本、荷兰等国和我国台湾地区的实践，其中规模较大的主要有观光农园、农业公园、教育农园和民俗观光村。

二、观光农业的类型

发展观光农业，明确功能定位对于合理确定投资方向和规模以及进行科学管理至关重要。现阶段规划和开发观光农业的功能定位有以下五种类型：

1. 多元综合型

集农业研究开发、农产品生产示范、农业技术培训推广、农业旅游观光和休闲度假为一体。

2. 科技示范型

以农业技术开发和示范推广为主要功能，兼具旅游观光功能。

3. 高效生产型

以先进技术支撑的农产品综合生产经营为主要功能，兼具旅游观光功能。

4. 休闲度假型

具有农林景观和乡村风情特色，以休闲度假为主要功能。

5. 游览观光型

以优美又富有特色的农林牧业为基础资源，以强化游览观光功能为主要经营方向的农游活动。

图 6-7-1　苏州娄葑农业生态园鸟瞰图

第七章

景观设计实例

实例一 ⦿

项目名称：北京奥林匹克公园中心区景观设计。

设计单位：北京市建筑设计研究院。

项目概况：北京奥林匹克公园中心区占地 315hm^2，用地范围南起北四环路，北至新店村路，东起北辰东路，西至北辰西路，用地范围内包括国家体育场、国家游泳中心、国家体育馆及国家会议中心。

规划理念：北京奥林匹克公园中心区位于北京传统城市轴线的正北方向，景观设计延续了北京城市的棋盘格网布局，设计风格“简约、现代、宏大”，体现庄重理性的中轴及体现生态科学的水轴在一个相对紧密的空间内相互联系、相互交融，形成统一整体。

从水系看鸟巢

中轴景观大道效果图

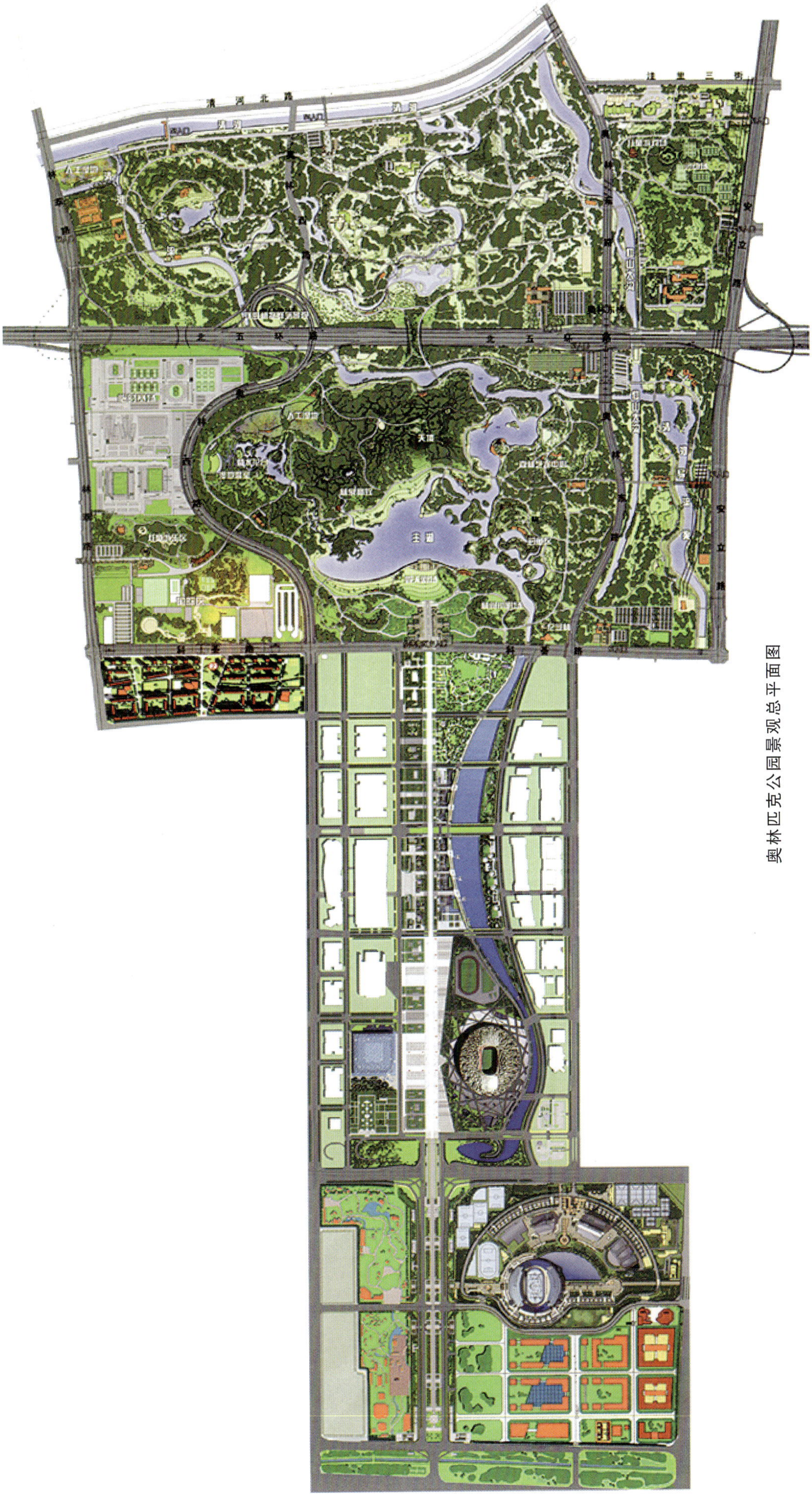

奥林匹克公园景观总平面图

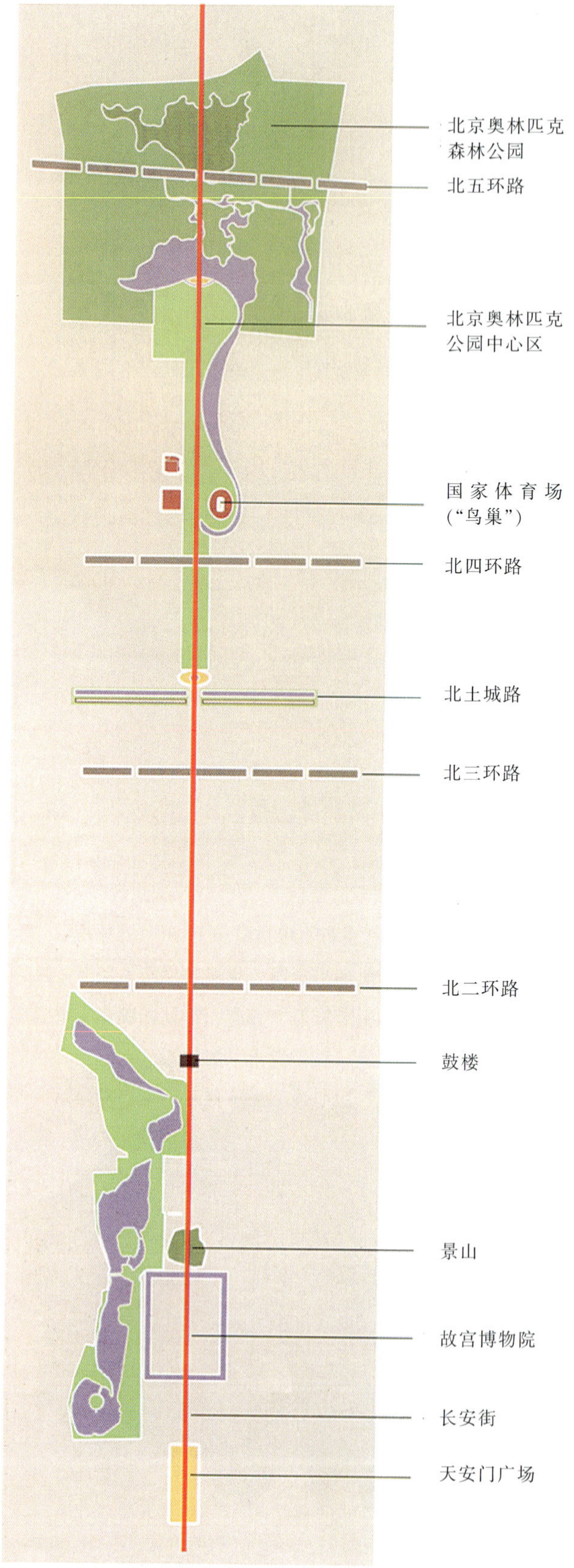

北京中轴示意图

通往自然的轴线示意图

龙形水系

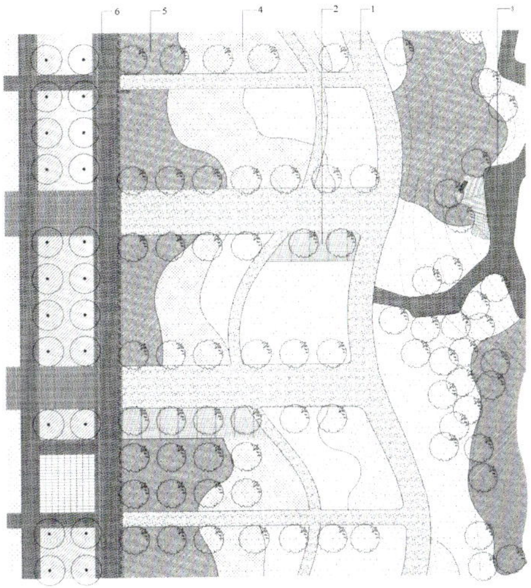

休闲花园与中轴相接处

1. 露骨料透水混凝土步道
2. 木塑地板平台
3. 仿石材混凝土压印艺术地面
4. 地被花卉
5. 草坪
6. 中轴景观大道

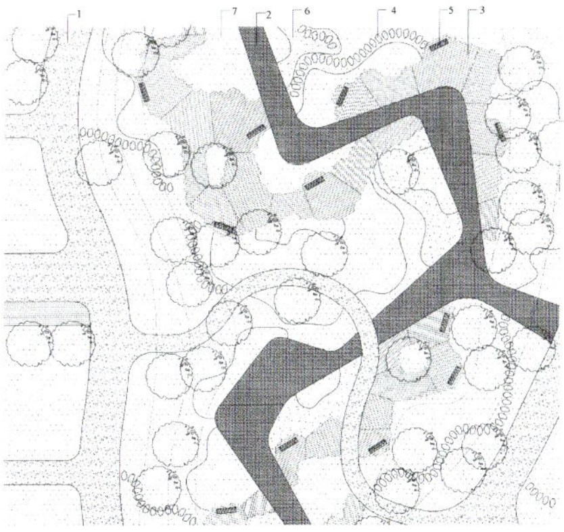

休闲花园局部平面

1. 露骨料透水混凝土步道
2. 仿石材混凝土压印艺术地面
3. 木塑地板
4. 自然石汀步
5. 休闲座椅
6. 灌木或花卉
7. 草坪

休闲花园局部平面

休闲花园局部效果图

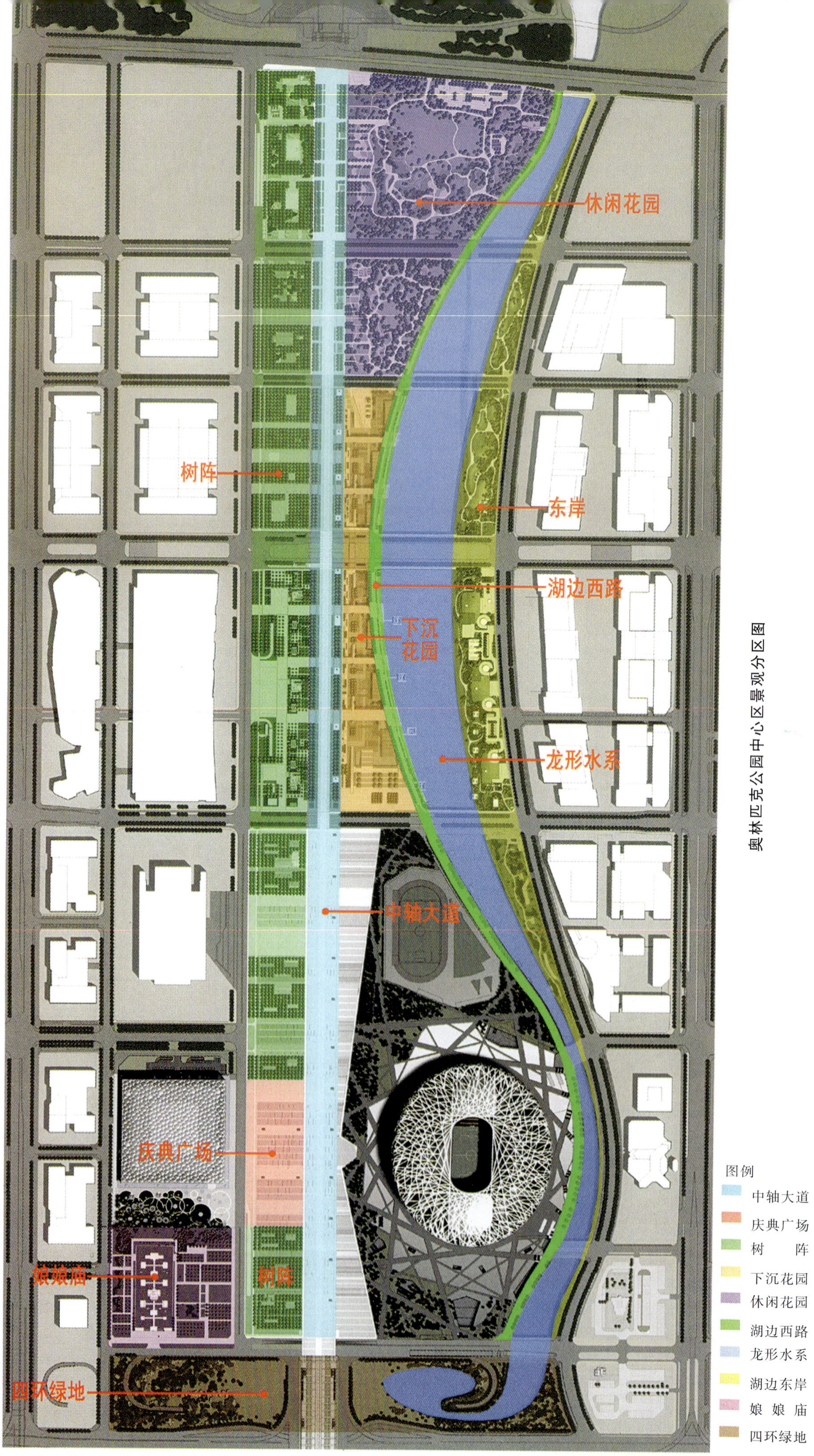

奥林匹克公园中心区景观分区图

实例二 ⦿

项目名称：北京奥林匹克森林公园景观设计。

设计单位：北京清华城市规划设计研究院等。

项目概况：北京奥林匹克森林公园位于奥林匹克公园的北部，传统城市中轴线的北端，占地 680hm²，是奥林匹克中心区的重要景观背景，也是北京市最大的公共花园。

规划理念：北京奥林匹克森林公园以丰富的生态系统、壮丽的自然景观诠释“通往自然的轴线”的设计理念，赋予了北京古城中轴线新的延伸，使这条代表城市历史、承载古老文明的轴线完美地消融在自然山水园林之中，意味着对中国传统文化的总结。设计力求“虽由人作，宛自天开”，山水错落，负阴抱阳，取“仁者乐山，智者乐水”的意境；绵延山水，跌宕起伏，“一峰则太华千寻，一勺则江湖万里”，突出表现人与自然相生共荣的和谐。而这正是中国文人墨客千百年所追求的意境。

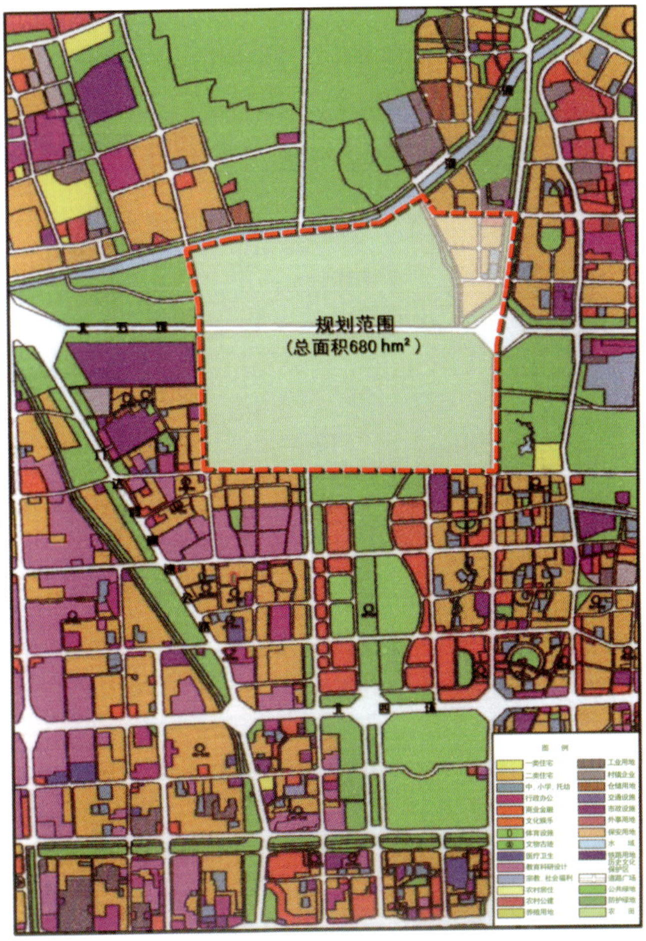

场地周边关系图

层层跌落的叠水花台

南入口广场上的泰山石

奥林匹克森林公园园路分析图

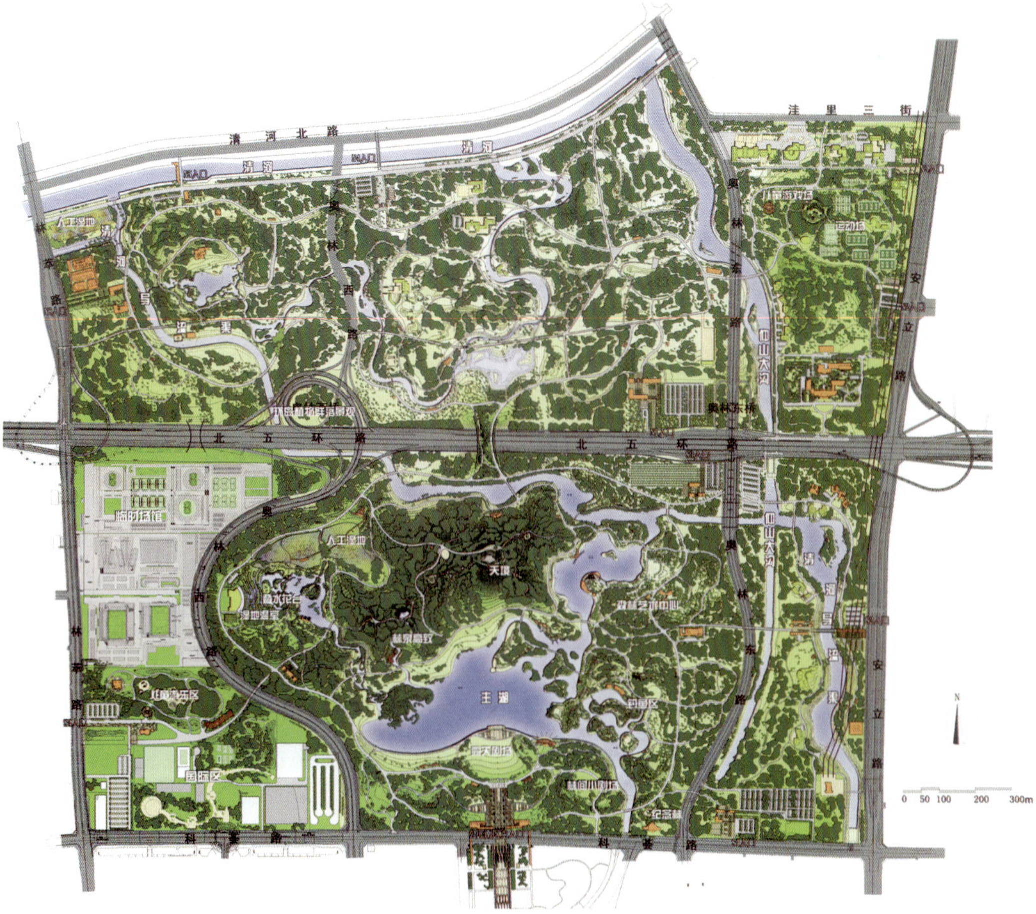

奥林匹克森林公园总平面图

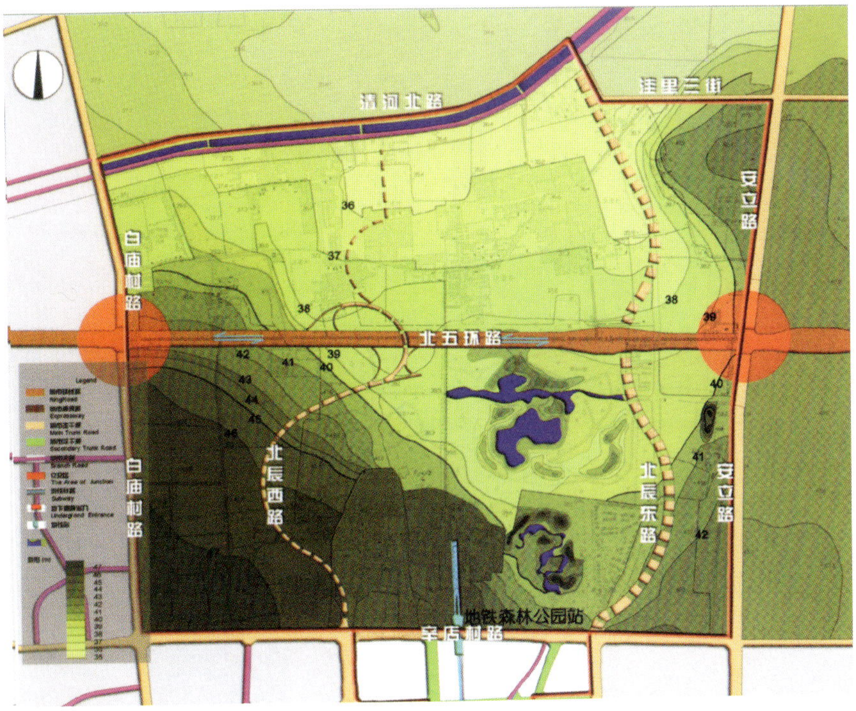

现状道路分析图

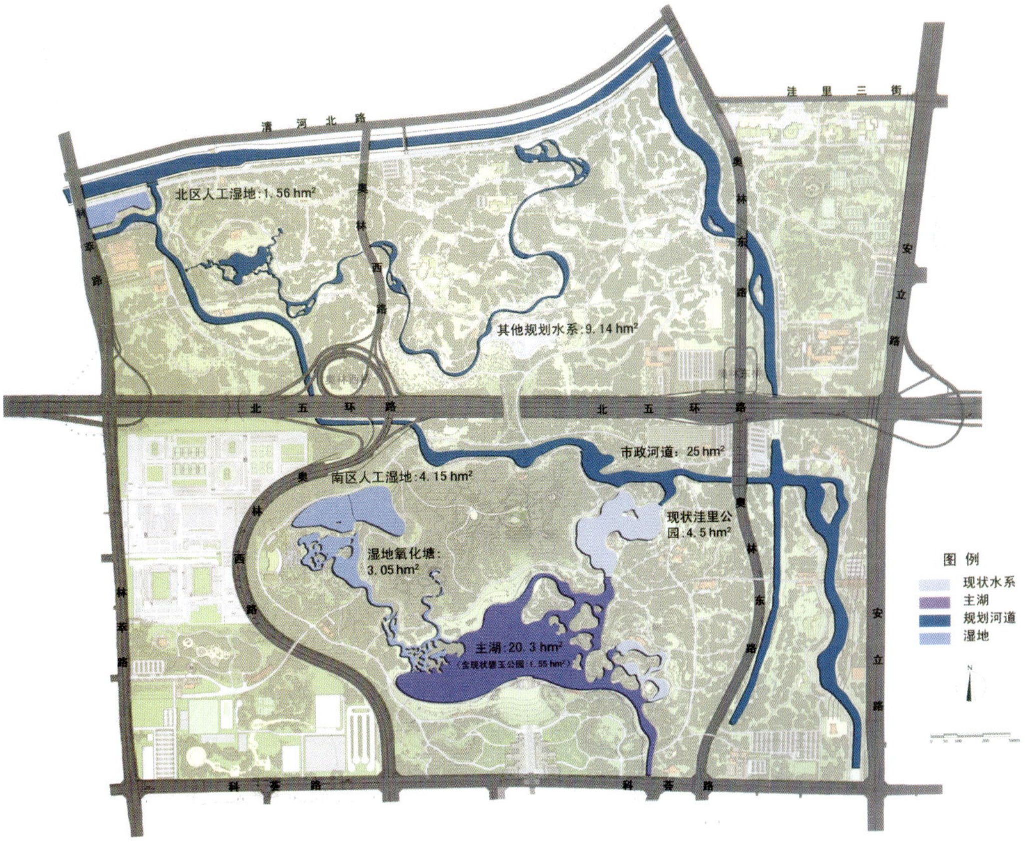

奥林匹克森林公园水系规划图

奥林匹克森林公园竖向规划设计图

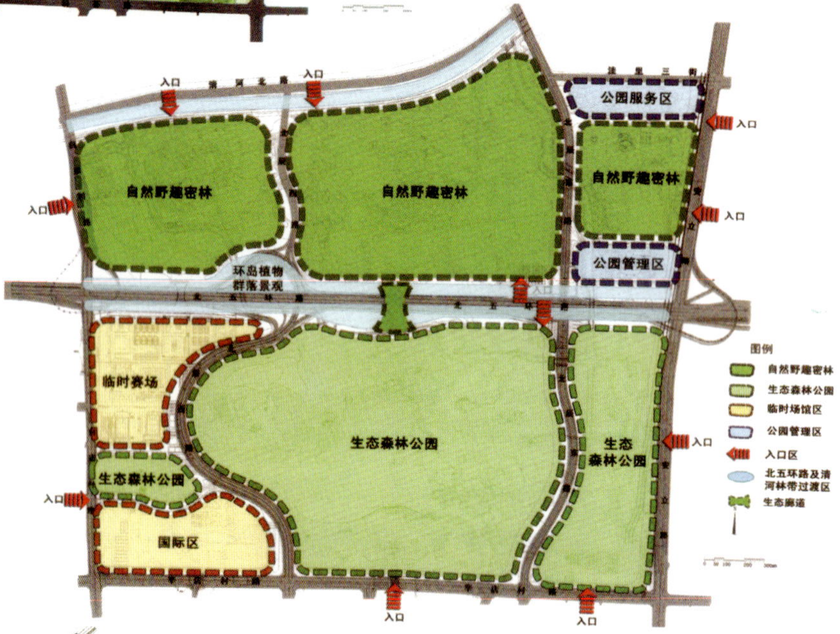

奥林匹克森林公园功能分区图

电瓶车游览路线图

实例三 ⦿

项目名称： 北京国家体育场景观设计。

设计单位： 瑞士 HERZOG £ DE MEURON，中国建筑设计研究院。

项目概况： 北京国家体育场位于北京奥林匹克公园中心区南部，为 2008 年北京奥运会的主体育场。工程总占地面积约 21hm^2，建筑面积 258 000m^2。奥运会后，体育场除举办各种重要国际、国内比赛外，还将提供运动、休闲、健身等综合性服务。

设计理念： 按照主体建筑钢结构放射状旋转编织的构成原则，主要景观道路围绕建筑主体旋转，编织成网状的道路。景观道路与主体钢结构的构成原则一致，如同树与树根。道路之间多边形的区域成为绿化或人们活动的铺装场地。

广场效果图

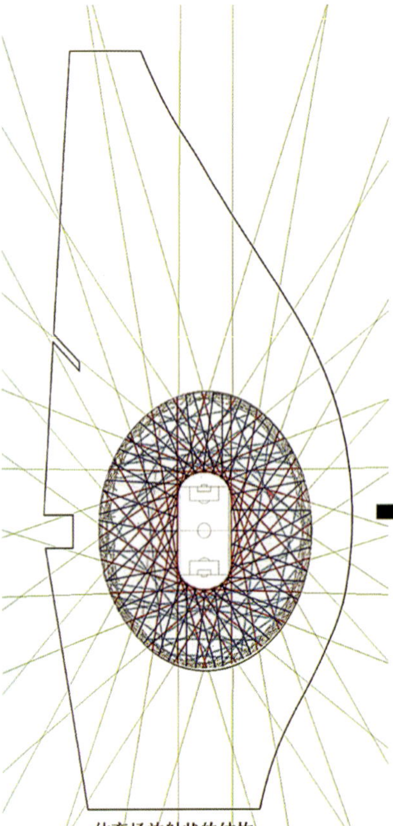

体育场放射状的结构

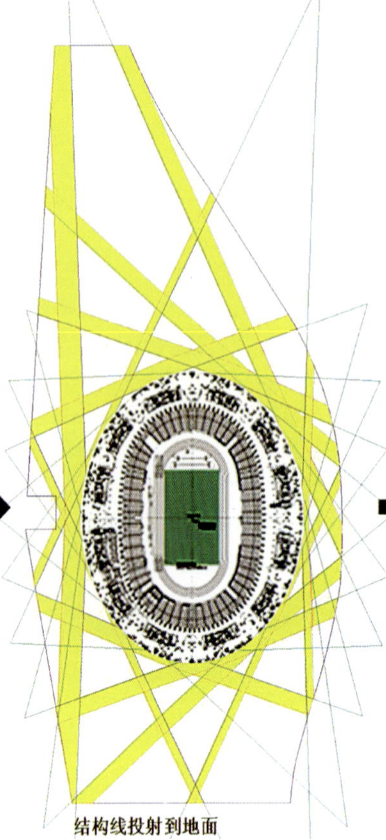

结构线投射到地面

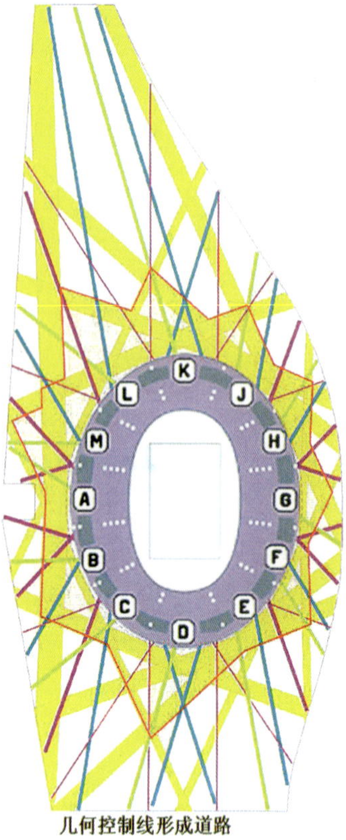

几何控制线形成道路

景观构成原则与建筑主体钢结构的构成原则一致

树和树根的关系示意图

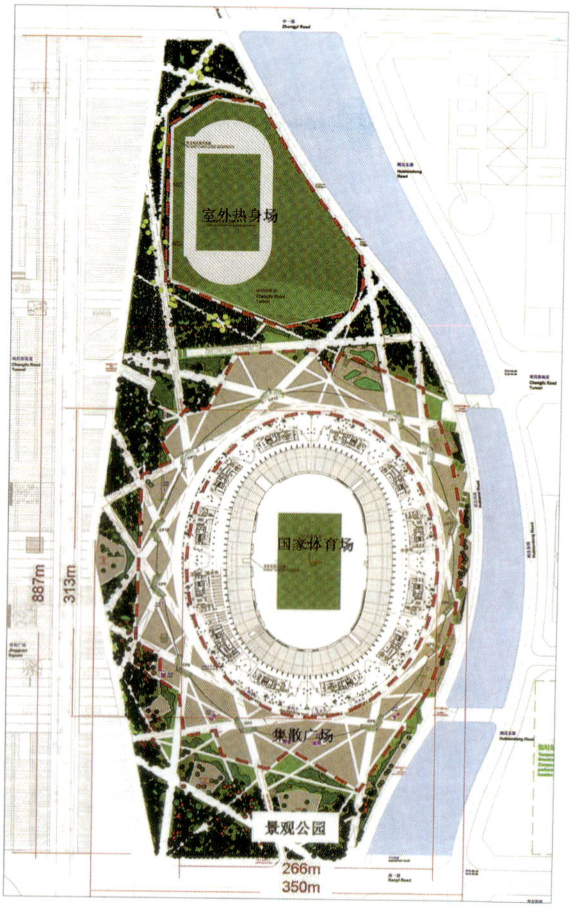

功能分区图

实例四 ⦿

项目名称：国家游泳中心景观设计。

设计单位：中建国际设计顾问有限公司。

项目概况：国家游泳中心项目“水立方”为2008年北京奥运会水上项目的主要赛场。“水立方”位于奥运中心区中轴线景观大道西侧，成府路以南，与其东侧及北侧的奥运场馆群紧密联系，并与国家体育场“鸟巢”相互辉映，表现出“天圆地方”的意象。

设计理念：国家游泳中心的核心创意为力图营造一个以“水”为生命的空间。里面容纳与水相关的各项活动，让人享受水带来的美和快乐。水与方相交，其交集“水立方”是国家游泳中心建筑的主体。方掷于水，水滴四溅，滴水荡出涟漪，形成国家游泳中心室外自然景观的背景图案，即“圆与环”。在此背景图案之中，水景、草坪、小径及其他场地内的构筑物均尽量遵循单纯的圆形集合图案造型，并以自然随机的形式进行分布。

水池效果示意图

水的肌理

总平面图

冬季黄昏的“水立方”

“水立方”南广场鸟瞰图

实例五 ⦿

项目名称：2010上海世博会绿地系统规划。

项目概况：依据世博园总体规划，结合现状调研，从先进理念出发，体现世博主题，努力实现“绿色世博、生态世博”的战略目标。

规划理念：世博园区绿地系统总体结构以“一核、一轴、两带、多契”为主，由黄浦江向两侧城市空间延伸，突现“蓝绿相依，绿网交织，绿契深嵌，绿链相接”的生态网络系统结构特征。

一核——世博公园。世博公园是全园最主要的公共活动区域，位于世博园中心滨江区块，是一处大型生态型游憩公园，也是园区的绿色核心。

一轴——世博大道绿化。世博大道绿化是世博园区景观绿化空间层次上南北向轴线的重要复合型绿化广场型空间，轴线与黄浦江交汇处形成景观高潮。

两带——滨江绿带、缓冲绿带。(1)滨江绿带：黄浦江两侧各有一条滨江绿带沿江展开，同时串联起世博园区各展馆组团绿化；(2)缓冲绿带：世博园区与城市相接地区设置大型绿化带，满足停车等功能要求。

多契——多个契形绿地。核心区域外的场馆内有多条契形绿带垂直于黄浦江，使江面景观和滨江绿带渗透到园区内外。同时利用沿江防汛标高和自然标高的落差，塑造高低起伏的坡地景观。

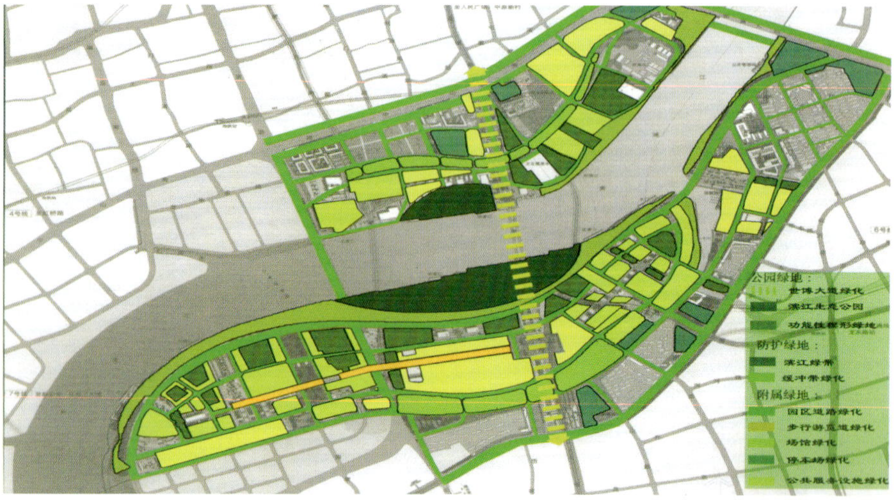

绿化布局结构

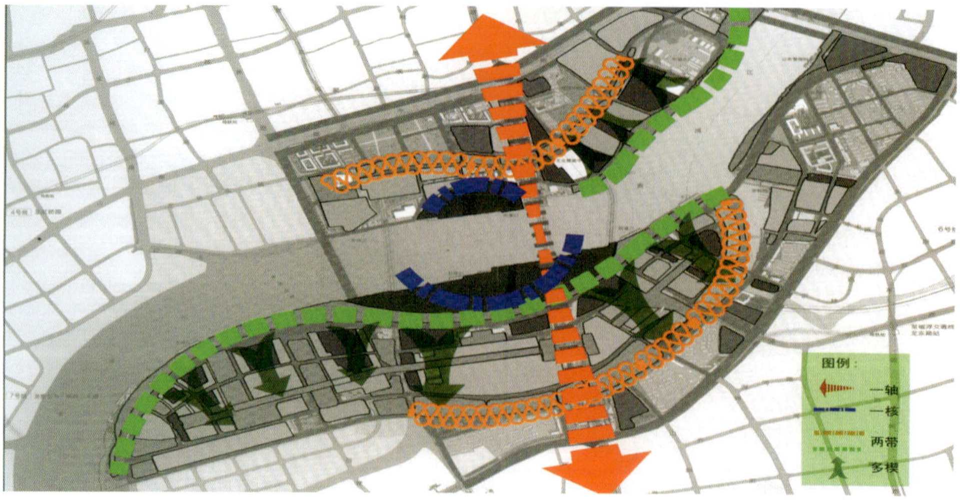

绿化系统结构

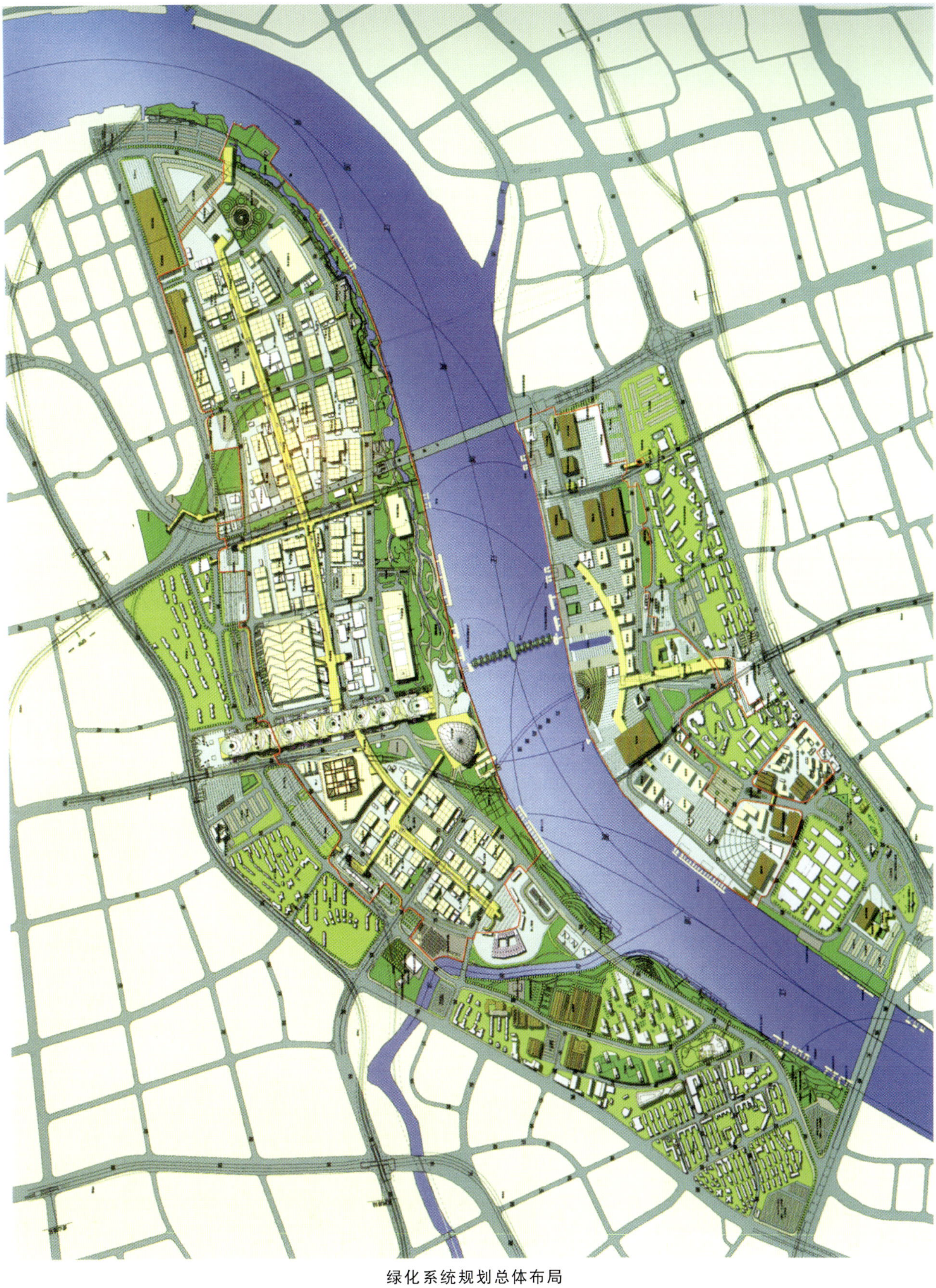

绿化系统规划总体布局

实例六 ⦿

项目名称：2010上海世博园区五大洲广场。

项目概况：五大洲广场根据《世博会主题演绎计划》提出的"地球、城市、人"的主题所设，按所处展馆组团分别规划"亚洲广场"、"非洲广场"、"美洲广场"、"欧洲广场"、"大洋洲广场"。

设计理念：（1）亚洲广场：选取中国古代城市布局"九经九纬"为主要文化元素进行表现，广场设计元素考虑中国传统建筑中城墙和城门，代表亚洲城市的总体城市布局和建筑风格；植物品种上以在亚洲分布最广、品种最多的竹子为主，使用"竹"阵文化体验区呈现亚洲文化的内敛和含蓄美。

（2）大洋洲广场：将对大洋洲的印象如海洋、草坪、袋鼠等元素抽象地运用到设计中，采用曲线和直线相结合的方式表达整个广场的活泼动感。

（3）欧洲广场：结合欧洲广场文化的特点，融入集会、交流元素，将欧洲柱式运用到广场，以"柱"连接方形舞台。

（4）美洲广场：美洲文化带有神秘及宗教色彩，采用轴对称的构图手法使整个广场显得庄严典雅。

（5）非洲广场：通过遮阳伞的造型设计，与硬地广场相结合，象征了非洲稀树草原的独特风貌。

亚洲广场设计

大洋洲广场

欧洲广场

美洲广场

非洲广场

实例七 ⦿

项目名称：玻璃泡。

设计单位：GORA art & landscape。

项目概况：“玻璃泡”位于瑞典的马尔默市，所在的位置能够眺望瑞典和丹麦间的Oresund海峡，建于2005—2006年，总占地面积为1 040m²，其中建筑面积120m²，长22m，高10.5m，宽7.5m，体积约890m³。“玻璃泡”从概念上来说是一个将气候和植物综合考虑、充满技巧的作品。

设计理念：“玻璃泡”由完全透明的超白玻璃建造而成，这种材料使得在室内花园中栽种的山茶、柑橘和木兰能最大程度地享受阳光，在室外空间，有与室内植物形成鲜明对比、能够在恶劣的气候和贫瘠的土壤中生存的北欧植物。室内外的地面以及花坛的围墙是由富含铁的挪威页岩构成的，这种页岩的颜色在墨绿和锈色间变化，丰富了景观视觉。在夜晚，“玻璃泡”成为马尔默市边界的一个发光体。

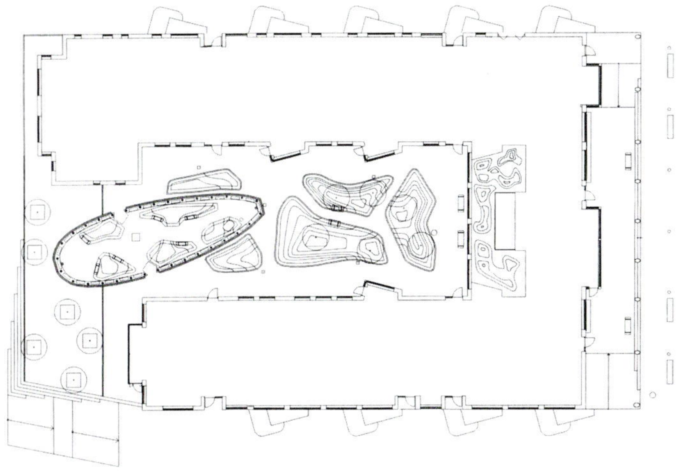

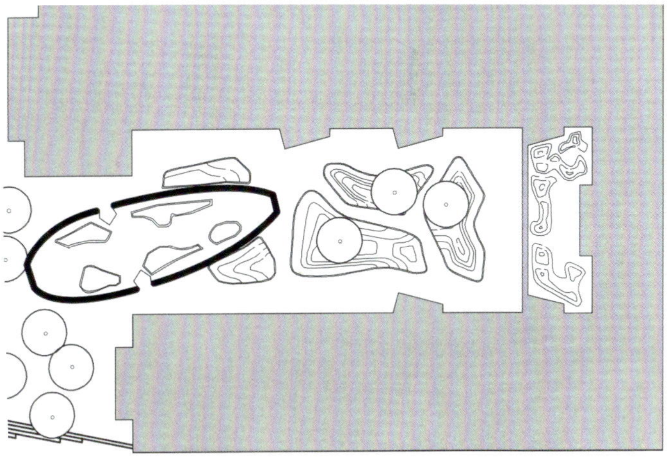

构思草图

近景

室内细部一

总体效果示意

室内细部二

结构细部

室内总体效果

实例八 ⦿

项目名称： 芝加哥东湖岸公园（The Park at Lakeshore East）。

设计单位： The Office of Jim Burnett。

项目概况： 东湖岸公园地处芝加哥城内的芝加哥河与密歇根湖交汇处的重要位置，面积为 21 448m^2，2005 年 5 月竣工。作为一项公私兼营的事业，东湖岸公园是开放式空间开发的一个成功例子，给周围的“混凝土丛林”带来了变化。

设计理念： 贯穿整个公园的航海主题给人一种真正的地域和互动感。优美的线条和形态使公园看上去像一艘帆船，它为公园内的通道和植物赋予了灵感，并强化了与滨水区的关系。公园中的水都是以喷泉的形式出现的，造成了一种动感，一直向人们提示周围的空间。

景观细部一

儿童游戏场

景观细部二

景观细部三

景观细部四

景观细部五

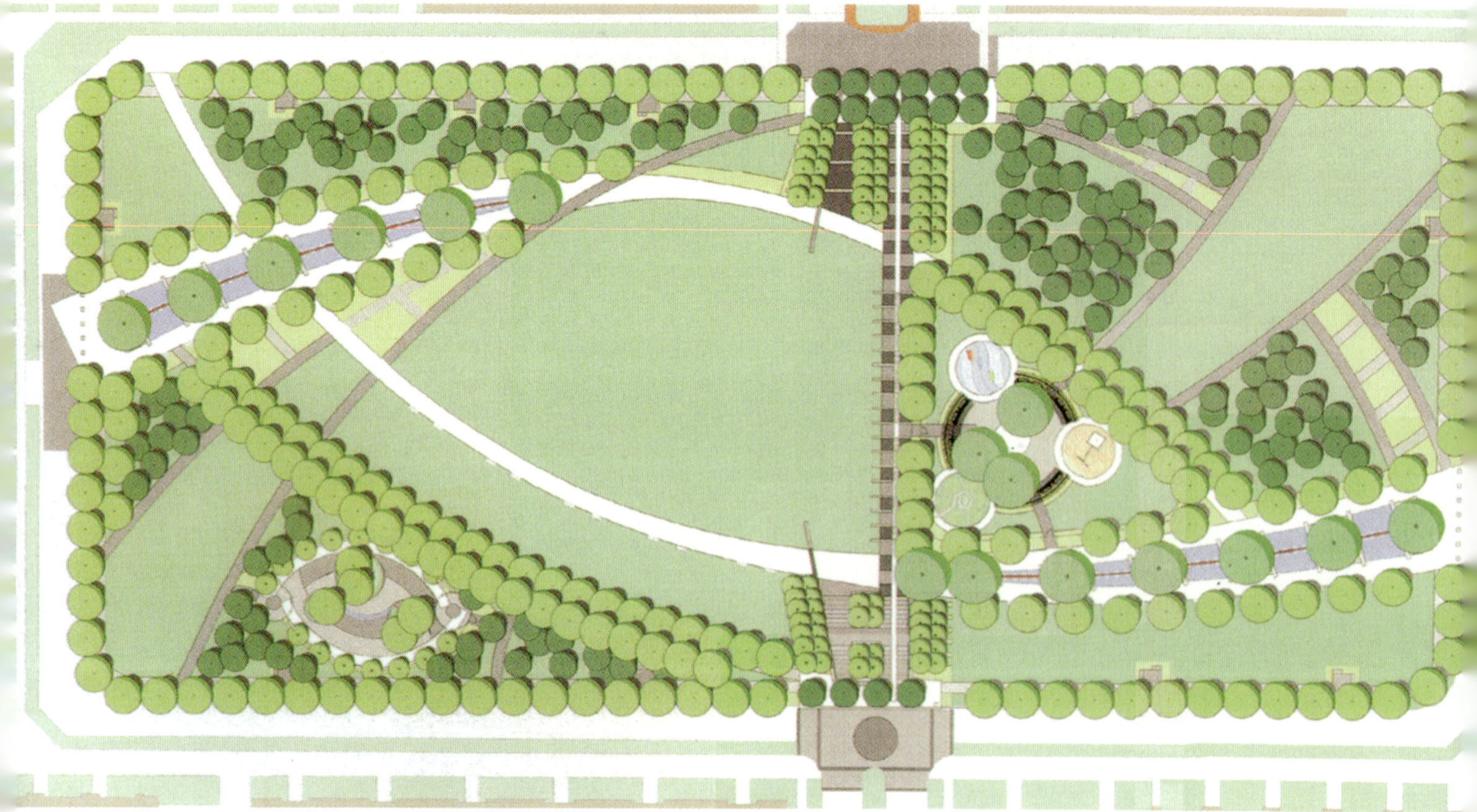

平面示意图

全景

小品

实例九 ⦿

项目名称：袖珍之美(Small is Beautiful)。

设计单位：Eli Tahari。

项目概况：项目位于美国新泽西州，竣工于2004年，是一项针对数百人工作空间的设计。在20 900m² 的工作区中划分出不足185m² 的袖珍庭院绿地，成本极小，向外界展示如何舍弃百分之一的建筑面积来转换工作环境，给这片工作区的日常生活带来温暖的阳光和无限的惬意。

设计理念：切削平整的木板尤如一条林木之河，无论是从形体上还是从材质上都完美地将两处庭院联结起来。木材伐自本地，众多木板组成的图案不仅拓展了平台空间，也为整个设计增添了一份抽象意义上的林木底蕴，其立意十分别致。

总体效果示意

由室内看室外效果一

铺地细部

木板的质感

由室内看室外效果二

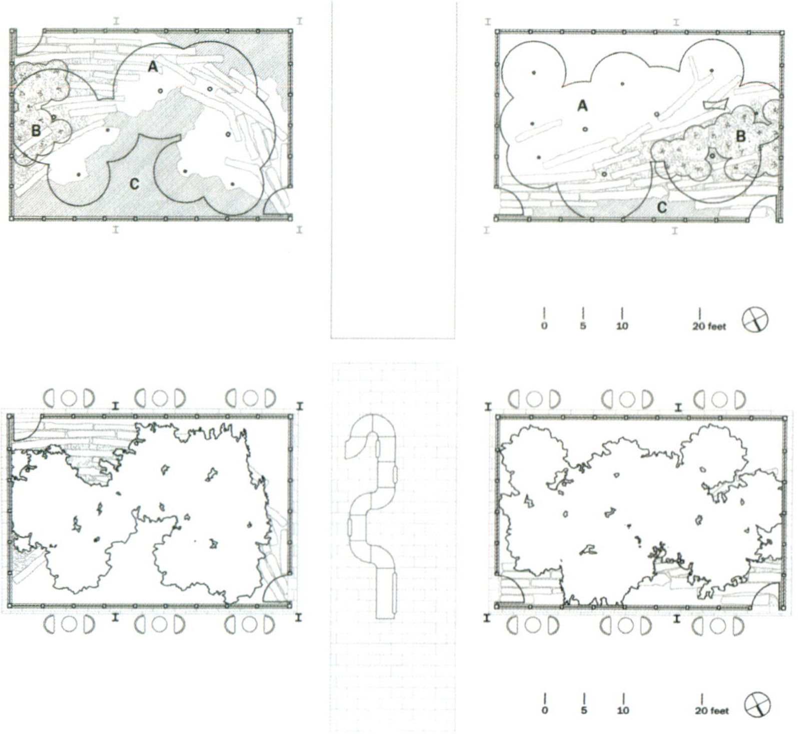

平面示意图

实例十 ⊙

项目名称： 某中学庭院设计。

项目概况： 方案基地位于某中学校园内，长 60m，宽 40m，基地周边有教学楼、办公楼、学生宿舍楼等，建成后供校史展览及校内师生休息游览用。

设计理念： 庭园设计采用苏州古典园林风格。苏州园林和中国山水画一样，师法自然，追求自然美，将山水自然之美提炼浓缩，结合精巧的人工建筑，自然美与人工美统一，彼此渗透，融合贯通，景外有景，弦外有音。园林空间被分为两个部分，主体为限时开放部分，有东、西两个出入口，均采用传统园林院落空间特点，东部为公共开放空间，学校师生随时可进入。方案打破庭园封闭格局的沉闷，内外空间渗透，使园中的景色自然延伸到外部，空间层次丰富。组景以水面为中心，主要景点沿水而布，互为对景。游廊是游览全园的主要路线，它串联起主要的景点，使人在动态行进中，感受不断变化的美景。东部开放空间南北皆有入口，小桥流水，茂林修竹，湖石假山，石桌、石凳均具苏式园林特色。

设计供稿： 周玉明等。

总体平面图

最终平面方案

设计方案演变示意

1-1 剖立面图示意图

局部效果一

局部效果二

总体鸟瞰图

实例十一 ⊙

项目名称：苏州工业园区浪花苑小区景观设计。

项目概况：小区分东、西两个组团，总面积约 52 000m^2，地块内地势较平坦，但有大面积地下车库，对景观设计有一定影响。

设计理念：将中国传统文化中的“吉祥”寓意赋予小区的景观设计中，分为福、禄、寿、喜、财、吉、和、安、养、全十个区域。吉祥寓意通过空间意境的营造得以体现，吉祥语的运用表达了人们对吉利祥的生活的期望和追求。

设计供稿：周玉明等。

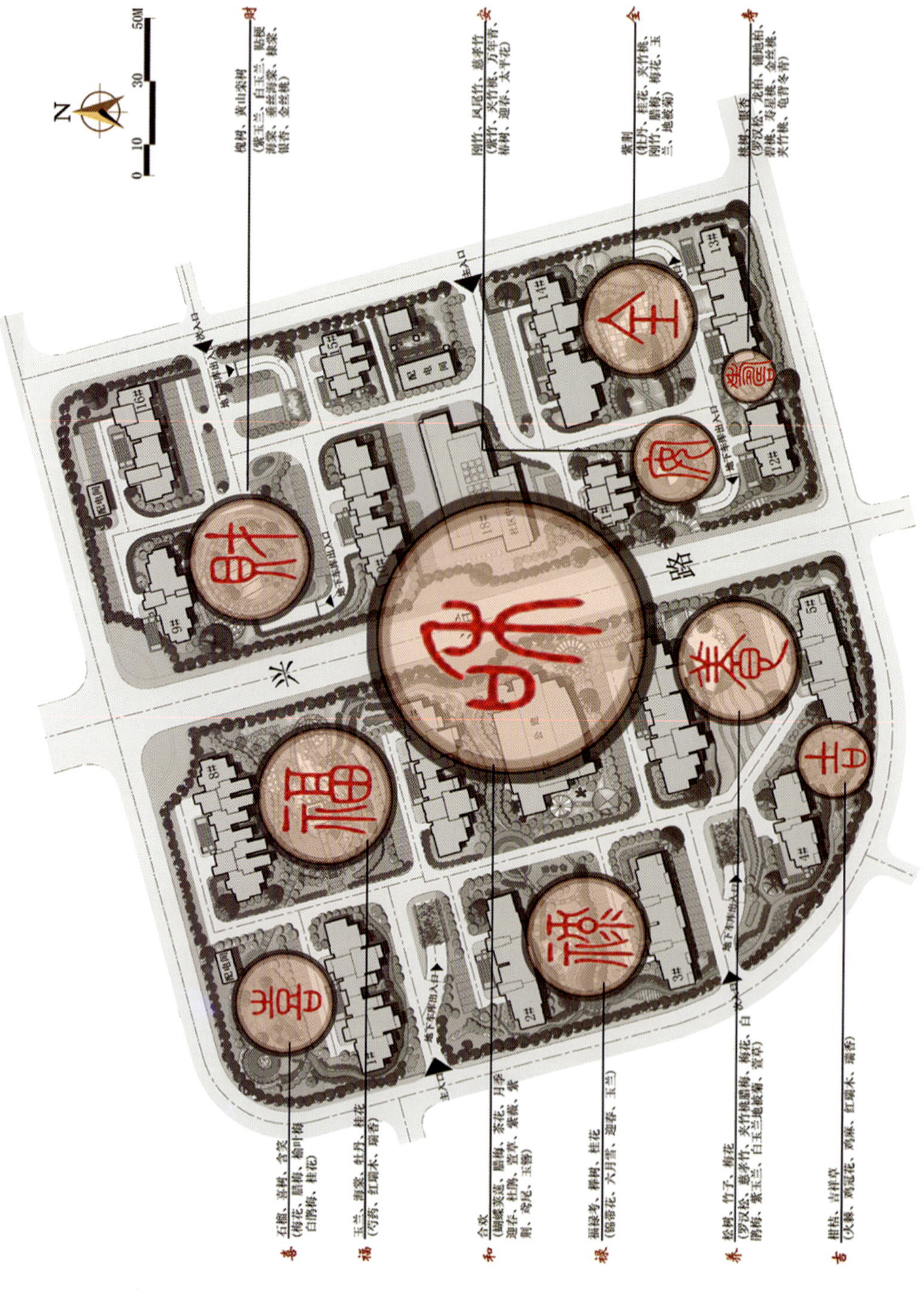

吉祥，从字面上解释就是吉利祥和，所谓“吉者福善之事，祥者嘉庆之征”。在现实生活中，人们为人处事都希望能顺心如意，大吉大利。在传统习俗文化中，历史久了，也就积累起许多“吉语”，民间艺人有句口诀，叫做：“出口要吉利，才能合人意。”这就是所谓的“讨口彩”。吉祥语可归纳为十大类，每一类用一个字为代表，也就是“吉祥十字”。这十个字是：福、禄、寿、喜、财、吉、和、安、养、全。以上十个字，基本概括了我国古代和民间流行的吉祥内容。这些吉祥内容组合灵活，变化无穷。它们就像谜语一样，形成了一个个符号，挂在人们口头上，藏在人们的心目中，像簇簇小花开遍山野，构成了民族文化传统的一个侧面。本方案引入吉祥符号，以此为主题进行环境设计。

分区图

“福”文化符号

“禄”文化符号

“寿”文化符号

“喜”文化符号

“财”文化符号

“吉”文化符号

“和”文化符号

“安”文化符号

“养”文化符号

“全”文化符号

景观节点效果图

N
0
10
30
50M
特色植栽
硬铺
地面停车场
环形铺地
"财"文化树池硬铺
硬铺广场
特色植栽小品
硬铺
自然草坡
倾斜坡地
蜿蜒小径
特色硬铺
特色硬铺
蜿蜒小径
"和"文化景观石
设有廊架的休憩场地
硬铺广场
置石景观
休息廊架
"安"文化景墙
硬铺广场
特色植栽
自然草坡
"全"文化休闲广场
蜿蜒通道
特色地铺
"寿"文化景墙
花池
硬铺
蜿蜒小径
条石硬铺地
特色硬铺
休息亭
硬铺广场
特色地铺
特色硬铺
景墙、硬铺地
自然草坡
游憩平台
"喜"文化特色植栽
木栈步道
廊架
休息平台
木栈道铺地
木栈休息平台
"福"文化景观柱
蜿蜒小径
入口置石景观
地下车库顶绿化廊架
木栈步道
"禄"文化特色雕塑
硬铺广场
特色植栽
设有廊架的休憩区
特色硬铺
花坛
带座椅种植池
"养"文化健身广场
特色植栽
木栈步道
设有坐凳的休息区
"吉"文化特色地铺
木栈道
特色硬铺
设有坐凳的休息区
特色植栽
蜿蜒小径
兴
浦
路
主入口
次入口
地下车库出入口
配电间
社区中心
公建
18#
17#

总平面图

实例十二 ⊙

项目名称： 常熟市昆承湖森林公园设计。

项目概况： 昆承湖森林公园位于常熟市昆承湖南，锡太公路以北，用地总面积约 4 700 000m²，现状除集镇、村庄和单位用地外，均为农用地。公园属昆承湖景区的一部分，其建成对改善常熟市南部生态环境具有重要意义。

设计理念： 现有基地是以农、渔业生产为场地特征的农业生活区，世代生活在此的人们在区域中留下了丰富的生产、生活印迹，这些构成了景区独特的场地气质。方案分析其景观特质及风景资源构成，有选择地赋予其新的景观和功能属性，创作出特有的地域情节，延续昆承湖地区的地域文脉精神，以精神原乡为主题，打造一个游人向往的地方。

设计供稿： 周玉明等。

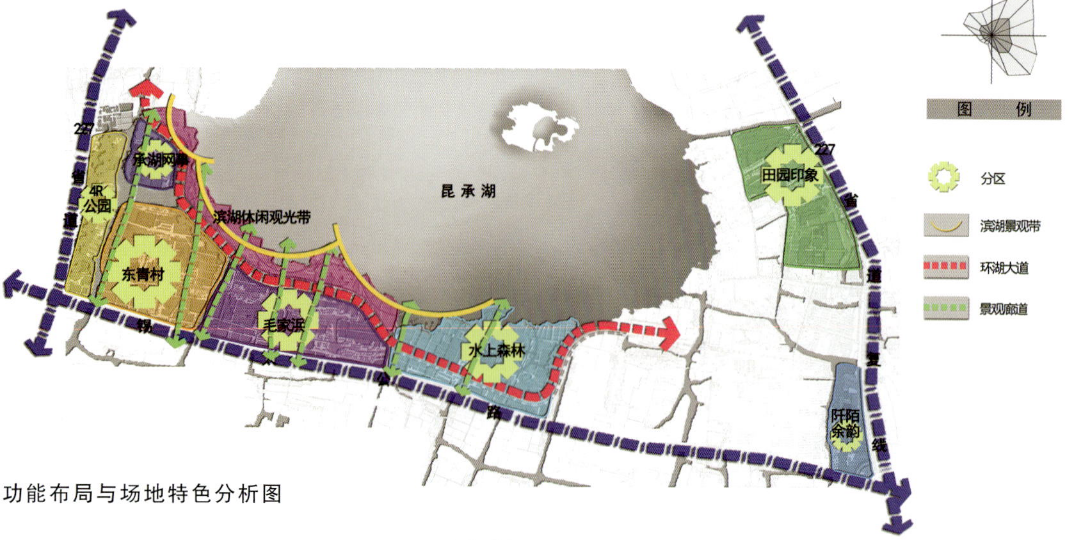

功能布局与场地特色分析图

滨湖游览步道示意 2

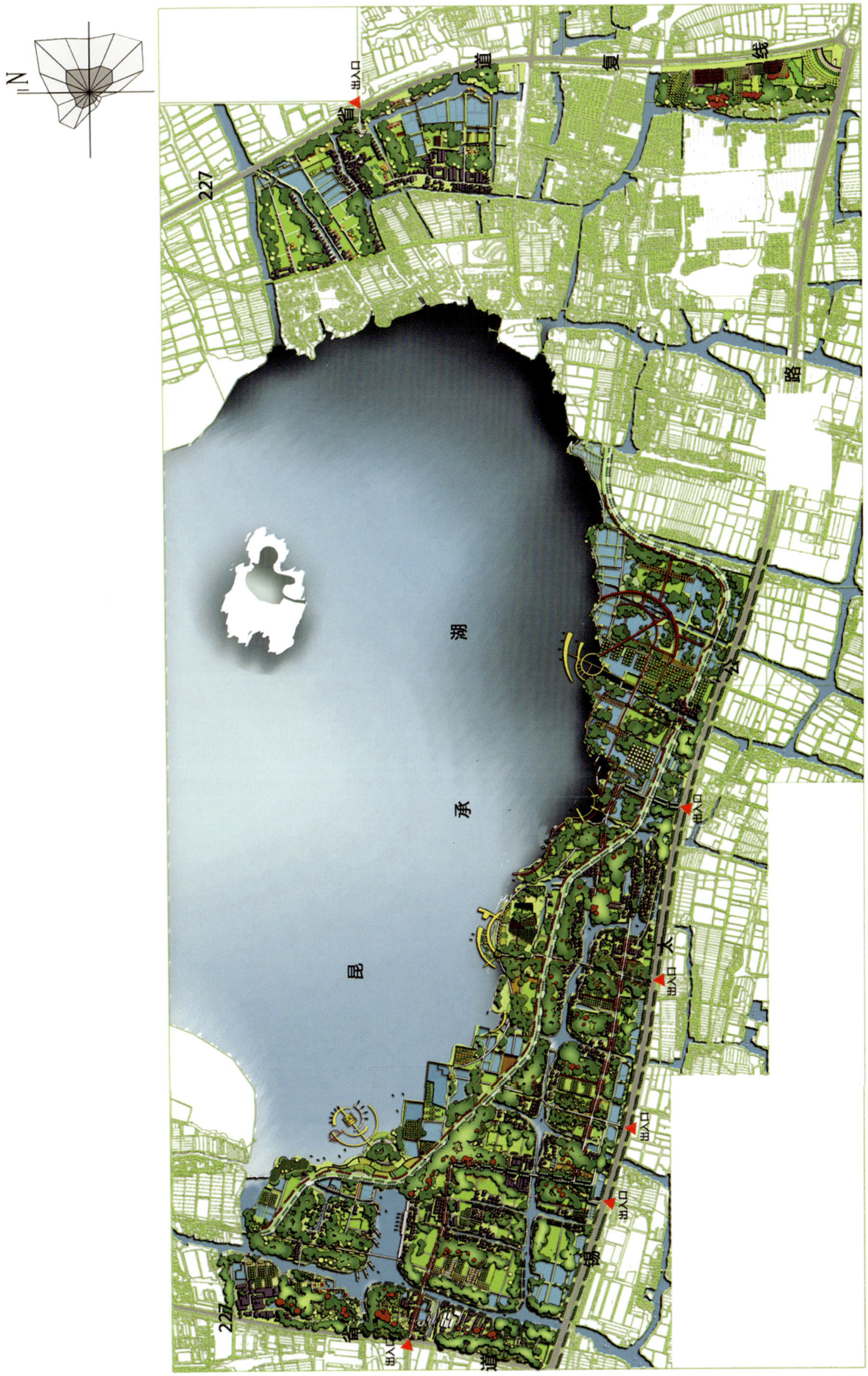

总平面图

D2地块效果示意

总体鸟瞰图

实例十三 ◉

项目名称： 苏州工业园区现代大道景观设计。

设计单位： 澳大利亚 JPW 公司。

项目概况： 该项目位于中国与新加坡合作开发的苏州工业园区内，是一条东西向贯穿苏州工业园区的景观大道，连接一、二、三期三个片区，设计总长约 9km，中央绿化隔离带宽 6.8m，两边绿带宽 25m。

设计理念： 现代、生态、简洁、明快。

设计分析： 景观设计注重与现代大道两侧地块功能相结合，因地制宜，注重以人为本、生态优先，从整体着眼，讲究变化有序和主次分明，宏观上确立基本构架，着力丰富细部景观，变而不乱，取得整体上的和谐统一。

建筑小品一

建筑小品二

建筑小品三

公共电话亭

坐椅与垃圾箱

公交站台

入口电子显示器

雕塑一

雕塑二

雕塑三

雕塑四

置石

山水景观

与环境融为一体的休息座

道路全景

实例十四 ◉

项目名称：拉萨布达拉宫广场。

设计单位：北京土人景观规划设计研究院。

项目概况：本方案将布达拉宫广场定位为具有时代特色和地域特色，反映城市和场地历史，满足集会、信徒朝拜、市民休闲、娱乐等需要的综合性城市开放空间。

设计理念：广场定位于"布宫"的从属地位，衬托"布宫"；放弃过于具体表象的设计手法，而将重点放在"氛围"的营造上；广场西侧的设计手法延续到东侧，整合并适当改造；空间、尺度、功能转换；与周围环境的关系采用屏蔽、过渡、围合、渗透等手法处理。广场总体为开放的城市空间，同时讲述人与历史的交流，人与自然的对话，人与文化的交流，通过特殊的符号、场景、实物和空间来使人、城市、历史与自然融为一体。

总体鸟瞰图

总平面图

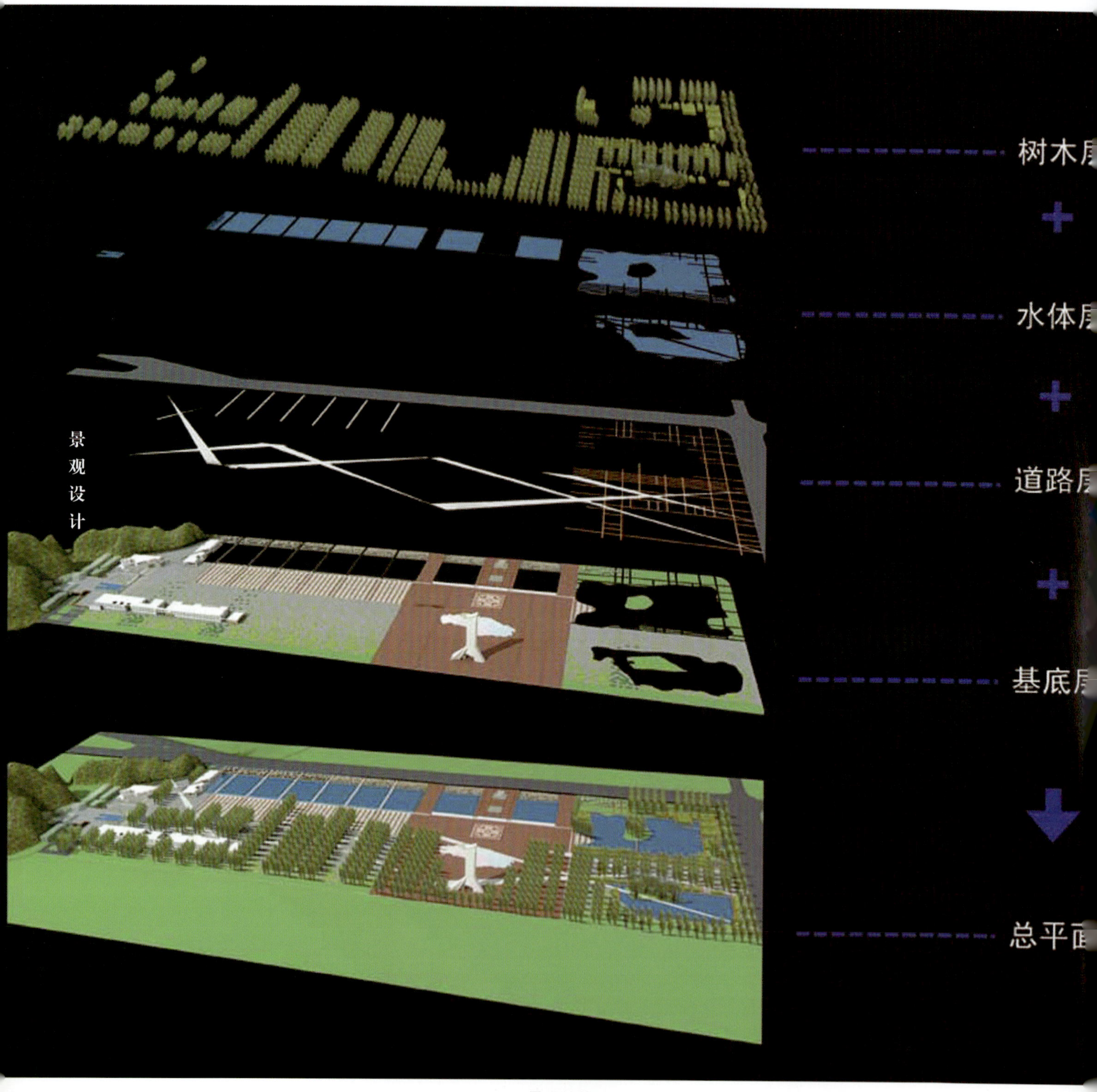

景观结构图

实例十五 ⊙

项目名称：上海静安雕塑公园。

设计单位：易道(EDAW)。

项目概况：该项目位于上海市静安区。占地面积 90 000m²。

规划理念：雕塑公园将成为一个户外雕塑艺术馆，雕塑品被设置在一系列“艺术画廊空间”内，并由一条蜿蜒穿梭在艺术画廊的参观步道串连起来，在展示艺术作品的同时也使空间融为一体。独特的植栽策略和季相变化，创造了拥有创新的自然背景和环境的展示空间。该项目是展示作品、人们相聚、艺术交流的场所。

鸟瞰图

雕塑工坊放大平面

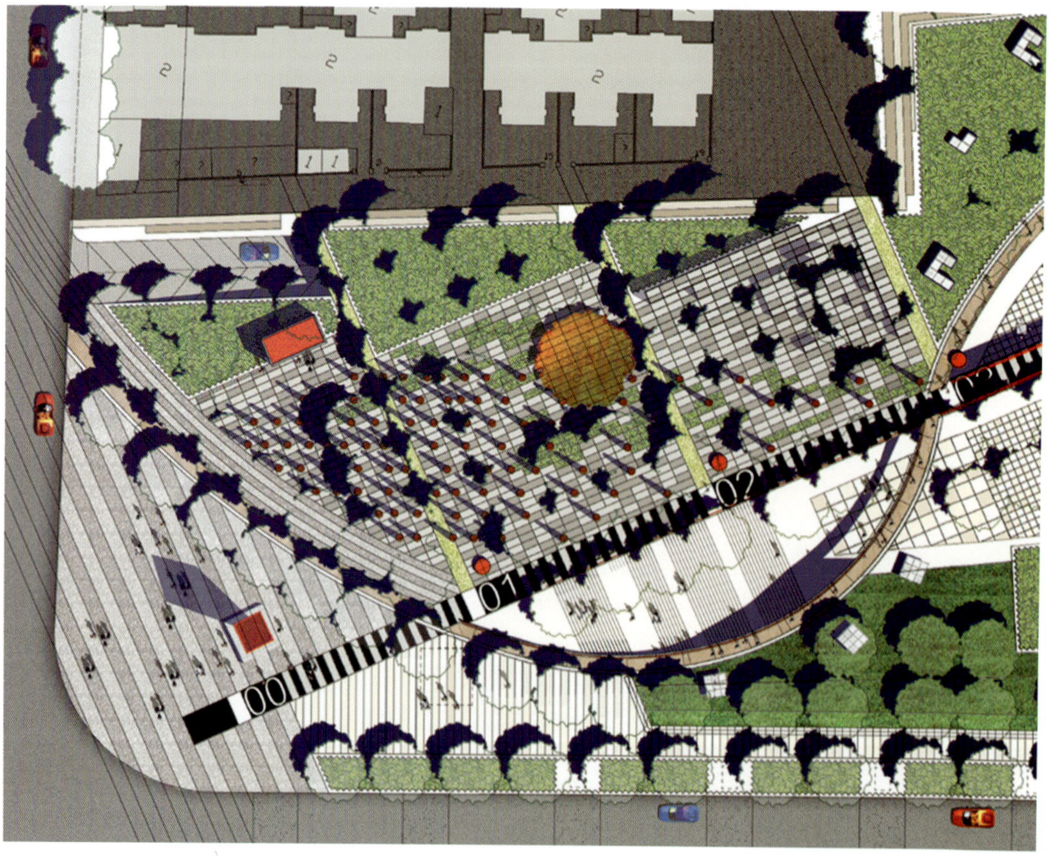

入口放大

入口剖面效果图

东西剖面局部效果图

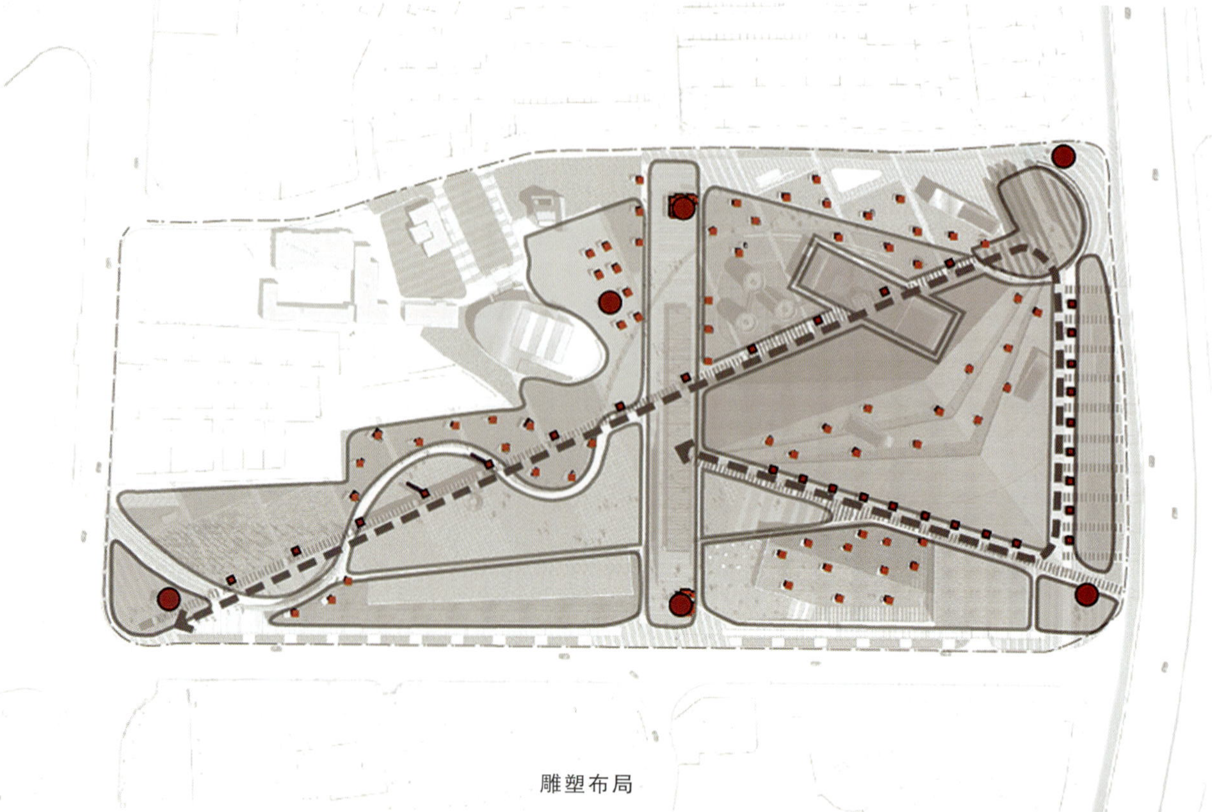

雕塑布局

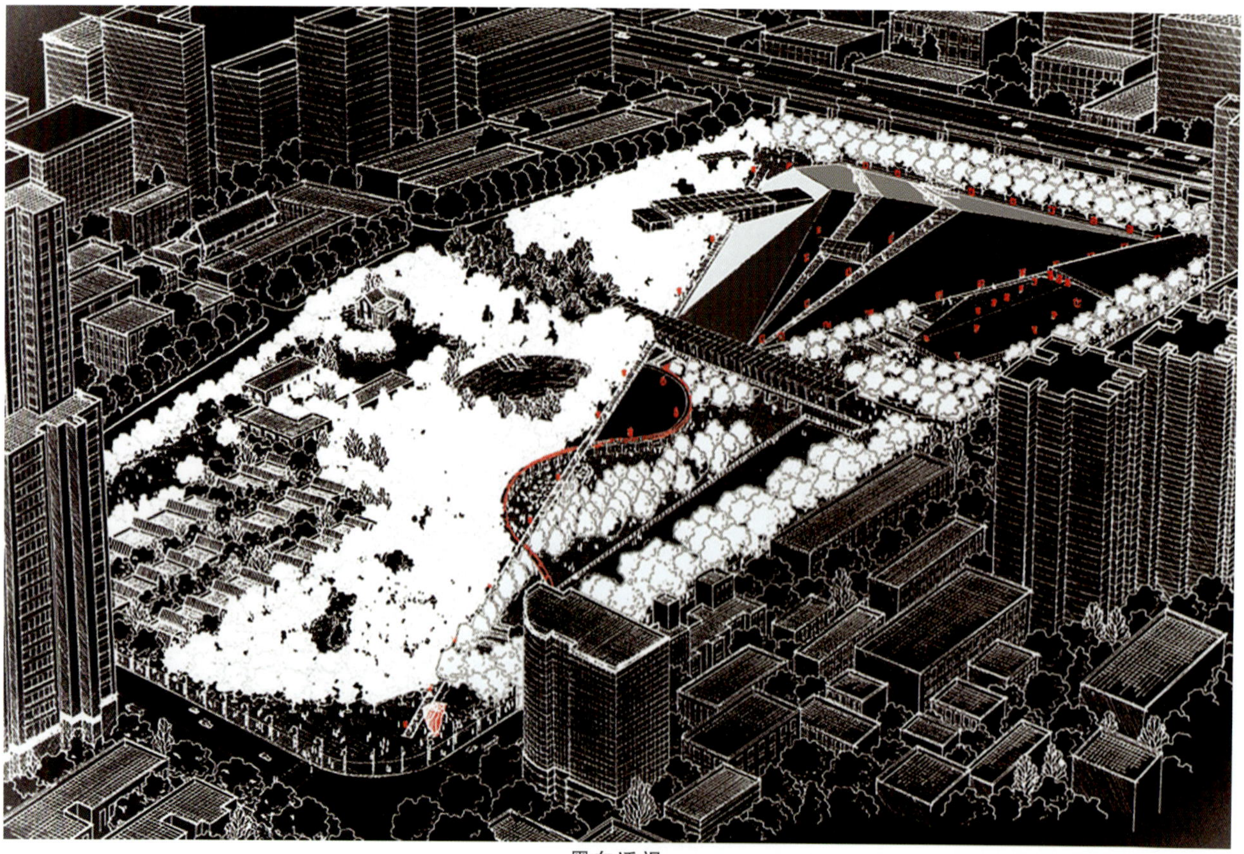

黑白透视

模型效果

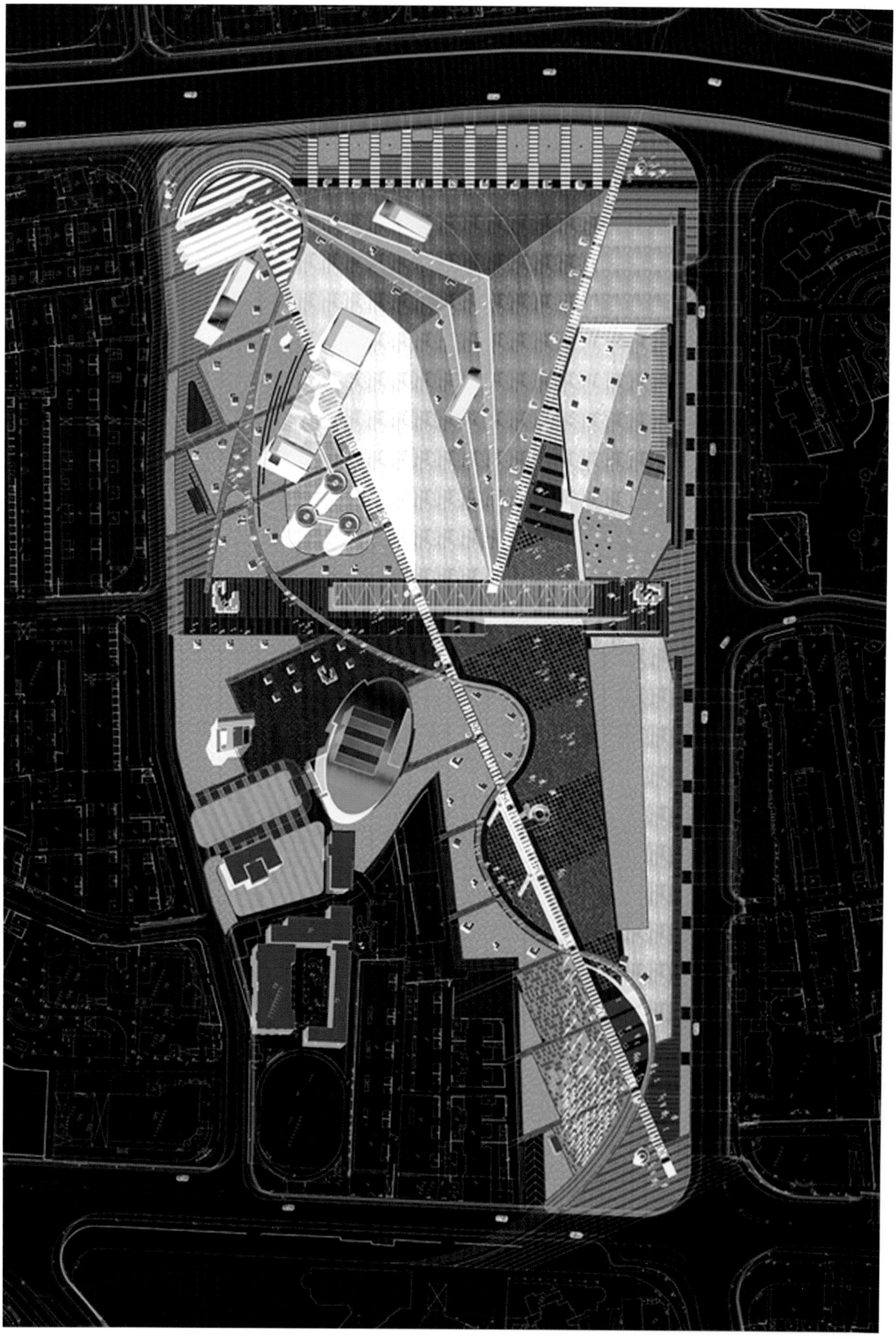

地表布局

实例十六 ⦿

项目名称：沈阳建筑大学。

设计单位：北京土人景观规划设计研究院、北京大学景观设计学研究院。

项目概况：该项目位于辽宁省沈阳市浑南新区。沈阳建筑大学始建于1948年，是一所以土建类专业为主，工学、文学、理学、管理学、农学等多学科交叉渗透、协调发展的高等院校。新校区总占地面积800 000m^2，景观面积350 000m^2。土地原本是农业用地，新校区打算设计成一个由九个方院构成的、严谨的现代建筑群。

规划理念：（1）大量使用水稻和当地农作物，以乡土野生植物为景观的基底，显现场地特色，投资少，易管理，形成独特经济高产的校园田园环境。在大面积稻田中，步道连接的读书台体现了“园林结合”。

（2）用直线道路连接宿舍、食堂、教室和实验室，形成穿越于稻田和绿地及庭院中便捷的路网。3m宽的水泥路面中央留出让乡土野草生长的20cm的种植带，体现了对生态自然的关注。

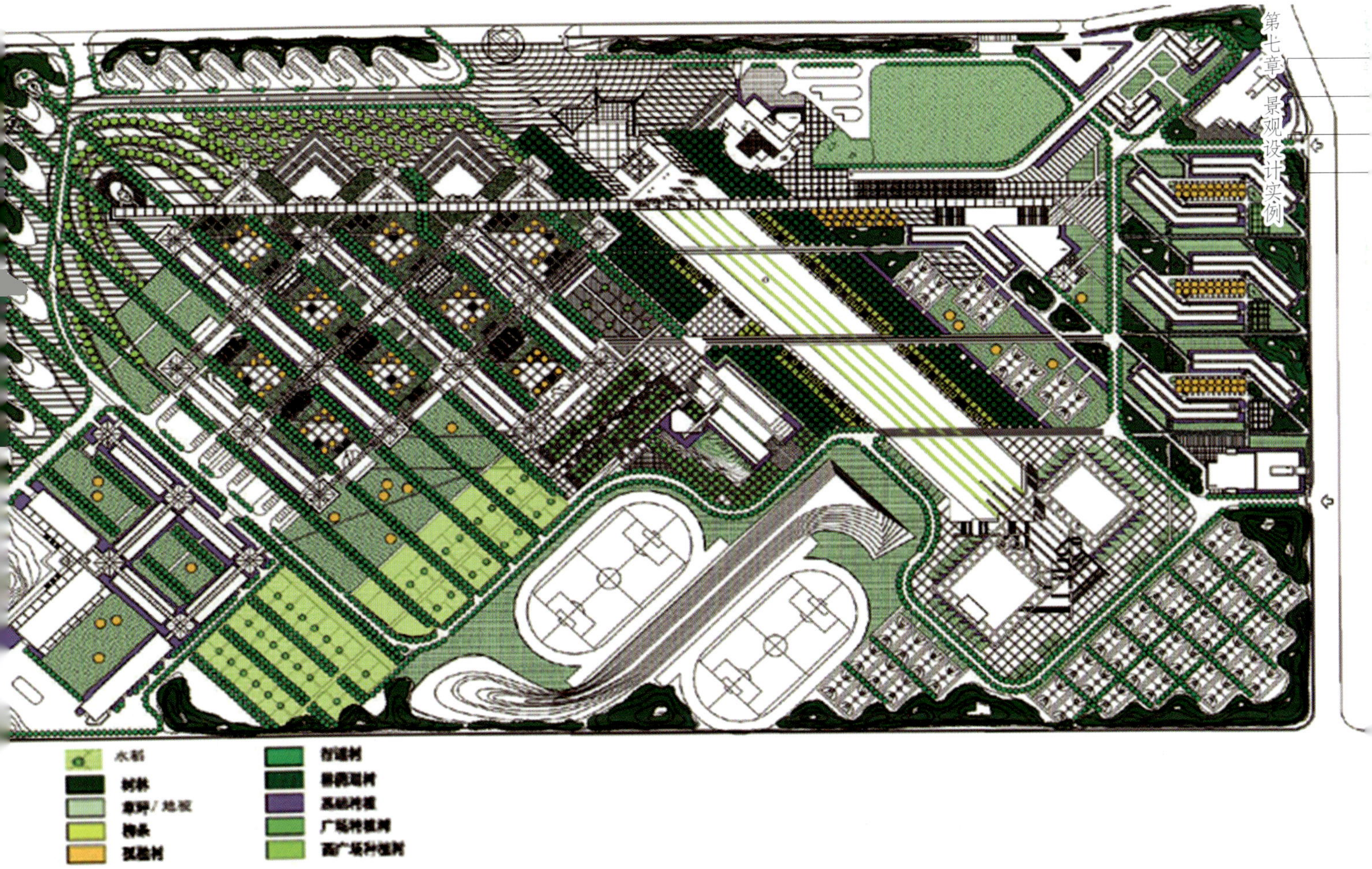

校园总体规划平面图

校园景观示意一

校园景观示意二

校园景观示意三

当地乡土草木——蓼，被用于大面积绿化美化

参考文献

[1] 佟裕哲.景园设计.陕西科学技术出版社,1996
[2] 许浩.城市景观规划设计理论与技法.中国建筑工业出版社,2006
[3] 胡长龙.园林规划设计.中国农业出版社,2000
[4] 同济大学.城市园林绿地规划.中国建筑工业出版社,1982
[5] 过元炯.园林艺术.中国农业出版社,1996
[6] 刘福智.景园规划与设计.机械工业出版社,2003
[7] 吴承照.现代城市游憩规划设计理论与方法.中国建筑工业出版社,1998
[8] 北京市林业局果树产业处等.观光采摘园景观规划设计.中国建筑工业出版社,2005
[9] 艾定增.景观园林新论.中国建筑工业出版社,1995
[10] 王景慧.历史文化名城保护理论与规划.同济大学出版社,1999
[11] 俞孔坚,李迪华.景观设计:学科与教育.中国建筑工业出版社,2003
[12] 杨永胜,金涛.现代城市景观设计与营建技术.中国城市出版社,2002
[13] 金涛,杨永胜.现代城市水景设计与营建.中国城市出版社,2003
[14] 金涛.园林景观小品应用艺术大观.中国城市出版社,2003
[15] 胡中华,刘师汉.草坪与地被植物.中国林业出版社,1995
[16] 王晓俊.风景园林设计.江苏科学技术出版社,1993
[17] 杜汝俭.园林建筑设计.中国建筑工业出版社,1986
[18] 宗跃光.城市景观规划的理论和方法.中国科学技术出版社,1993
[19] 中华人民共和国建设部.城市绿地分类标准.中国建筑工业出版社,2002
[20] 中华人民共和国建设部.历史文化名城保护规划规范.中国建筑工业出版社, 2005
[21] 中华人民共和国建设部.风景名胜区规划规范(GB50298-1999).中国建筑工业出版社,1999
[22] 何平,彭重华.城市绿地植物配置及造景.中国林业出版社,2001
[23] 薛聪贤.景观植物造园应用实例.浙江科学技术出版社,1998
[24] 俞孔坚.景观:文化、生态与感知.科学出版社,1998
[25] 刘传.旅游心理学.高等教育出版社,1998
[26] 森林公园总体设计规范(LY/T5132-95).中国建筑工业出版社,1995
[27] 李敏.城市绿地系统与人居环境规划.中国建筑工业出版社,1999
[28] 吴克宁.中国现代城市园林形成探讨.时代建筑,1991(2)
[29] 丁文魁.风景名胜研究.同济大学出版社,1988
[30] 梁心如.城市园林景观.辽宁科学技术出版社,2000
[31] 俞树勋.园林美与园林艺术.科学出版社,1987
[32] 荀平,杨平林.景观设计创意.中国建筑工业出版社,2004

[33] 吴效军.新时期城市绿地系统规划的基本思路和方法研究.现代城市研究,2001(6)
[34] 许浩.国外城市绿地系统规划.中国建筑工业出版社,2003
[35] 吴家骅.景观形态学.中国建筑工业出版社,1999
[36] 王建国.现代城市设计理论和方法.东南大学出版社,2001
[37] 孟兆祯.园林设计至于城市景观.中国园林,2002(4)
[38] 邬建国.景观生态学.高等教育出版社,2000
[39] 郑毅.城市规划设计手册.中国建筑工业出版社,2000
[40] 吴明伟.城市中心区规划.东南大学出版社,1999
[41] 王向荣.西方现代景观设计的理论与实践.中国建筑工业出版社,2002
[42] 许浩.3S 技术在日本筑波山梅林公园规划上的应用.中国园林,2005(3)
[43] 白德懋.居住区规划与环境设计.中国建筑工业出版社,1993
[44] 封云.公园绿地规划设计.中国林业出版社,1996
[45] 张大为,尚金凯.景观设计.化学工业出版社,2009
[46] 郝赤彪.景观设计原理.中国电力出版社,2009
[47] 周敬.景观艺术设计.知识产权出版社,2006
[48] 杨志德.风景园林设计原理.华中科技大学出版社,2009
[49] 张家骥.中国造园史.黑龙江人民出版社,1986
[50] 张家骥.中国造园论.山西人民出版社,1991
[51] 中国勘察设计协会园林设计分会.风景园林设计资料集.中国建筑工业出版社,2006
[52] 田国行.绿地景观规划的理论与方法.科学出版社,2006
[53] 沈守云.现代景观设计思潮.华中科技大学出版社,2009
[54] 同济大学建筑系建筑设计基础教研室.建筑形态设计基础.中国建筑工业出版社,2008
[55] 李开然.景观设计基础.上海美术出版社,2006
[56] 王茂林,秦莉萍,罗友.景观设计.中南大学出版社,2007
[57] 张晓燕.景观设计理念与应用.中国水利水电出版社,2007
[58] 丁绍刚.风景园林概论.中国建筑工业出版社,2008
[59] 孔祥锋.城市绿地系统规划.化学工业出版社,2009
[60] 尚磊,杨珺.景观规划设计方法与程序.中国水利水电出版社,2007
[61] 戴军.2010 年上海世博园区绿地景观.中国建筑工业出版社,2010
[62] 刘滨谊.现代景观规划设计.东南大学出版社,2005
[63] 中国建筑学会,中国建筑工业出版社,北京清华城市规划设计研究院.诗意漫城:景观规划设计.中国建筑工业出版社,2009
[64] 邵力民.景观设计.中国电力出版社,2009
[65] 陈六汀,梁梅.景观艺术设计.中国纺织出版社,2004
[66] 重庆市园林局,重庆市风景园林学会.园林景观规划与设计.中国建筑工业出版社,2007
[67] 丁圆.景观设计概论.高等教育出版社,2008

图片资料来源:

[1] 杨永胜,金涛.现代城市景观设计与营造技术.中国城市出版社,2002
[2] 郭俊纶.清代园林图录.上海人民美术出版社,1993